U0343738

温暖大叔的
花草手作与植物养护技巧

《焰火花园》栏目组 **组编**

机械工业出版社
CHINA MACHINE PRESS

温暖大叔的花草手作与植物养护技巧

《焰火花园》栏目组 组编

前言

认识焰火大叔，大概是2012年的事了，那时候的他还是个互联网视觉设计师，我们曾经共事过好一阵子。后来他从北京去了杭州，又听说辞职后租下来一块地，经营着当时刚刚开始流行的多肉植物。

几年之后，当我想做一档园艺相关的节目时，第一时间就想到了他。“焰火花园”这个节目名字也是起得信手拈来：主理人的名字就是焰火，而我们都希望这档短短的视频节目，能够像焰火一样，照亮大家日复一日的平凡生活。

在一个直径20cm的花盘里，为喵主子打造一个专属花园；

如何将市面上大路货的花盆变形成INS网红款；

用你最喜欢的植物做一个香薰蜡烛；

如何根据光线选择室内绿植；

如何扦插、换盆……

这些内容完全是为在普通公寓居住的园艺爱好者量身打造的，也是《焰火花园》创作的初衷。

你可能没有花园，没有阳台，甚至只是和室友分租一套公寓；房间可能很暗，工作可能很忙……但这些都不该阻止你拥有一颗点亮生活的心。

教你把室内植物养活、养好，并且用有美感的搭配和你的家居相融合，是这本书的主要内容。

在最后我想感谢长期关注我们这档节目的观众，你们是让焰火不会轻易消逝的火神。也感谢曾帮助过我们的各位老师。北京林业大学的韩梅同学也对这本书有很大贡献，帮我们完成了很多整理工作。

希望看过本书的你，生活如有绚烂焰火划过夜空。

惠慧

目 录

第三篇 鲜切花和干花

第四篇 可食用植物

第五篇 室内植物

第六篇 阳台植物

第一篇

多肉

焰小花园

多肉贝壳组盆

脚踩在黄澄澄的细沙上，脚印勾勒出一条不规则的曲线。浅蓝色的海浪带着雾蒙蒙的质感，不知疲惫地、竭尽所能地触及着它未曾感知的沙滩边缘地带。

莎莎抱膝坐在海边，手中是她无意中在沙子里拾到的玻璃瓶，瓶里的纸条已被她取出，只有五个字："时间不待人"。她轻轻摩挲着，眼眶发热。

日复一日为生活而活，她已经忘了在星空下和朋友畅谈梦想的快乐。她总是在等待一个机会，一个可以触摸到心中所想的机会。

但是她忽略了，时间不会停止运转，只会静悄悄地从指缝里溜走，不留下一点痕迹，唯有自己满心遗憾。

听听海的声音，从未断歇。那么你也可以趁着梦想还在，去寻找不一样的精彩。

多肉若干、贝壳1个、页岩板1块、铲子1副、剪刀1把、吹灰球1个、黏土胶1条、营养土适量

多肉贝壳组盆

制作方法

Step 1 用黏土胶将贝壳固定在页岩板上。

Step 2 铲适量营养土放入贝壳中。

Step 3 种入多肉植物，修整其形态。

Step 4 用吹灰球吹去页岩板表面的浮土。

海的声音如在耳畔，阵阵回旋激荡。多肉在贝壳小岛里汲取着勇气和毅力，而你在你的梦想国度里释放着热情和力量。

手作

字母多肉花框

26个字母承载着哪些记忆呢？是你的名字的首字母？还是组成了你日夜思念的人的昵称呢？

五月的草地上，扬起来的尘土，落下的欢笑，你手握着风筝线扭头向父母投去恳切的目光，他们唤着你的乳名，夸赞着；人声混杂着背景音乐的烧烤店，食物酒水筋疲力尽一般摊放着，你微醺地环视即将分离的朋友们，鼻头发酸。繁星点点的夜空，烟火肆意盛放，你依偎在爱人的怀里，眼波流转……

或美好难忘或难过淡忘，这些由字母组成的有专属意义的名字都在你心里烙下印记。

材料准备

多肉若干、字母造型花器 1 个、铲子 1 副、镊子 1 副、吹灰球 1 个、营养土适量

字母多肉花框

制作方法

Step 1 在花器里均匀铺放营养土，深度为花器三分之二即可。

Step 2 挑选适宜大小的多肉进行种植，再覆盖一层土，保证多肉根部稳固。

Step 3 修整多肉形态，用吹灰球清理表面泥土。

Step 4 完成后，置于通风良好处，静待三四天后给多肉浇水。

窥探自己的内心，有没有布满灰尘的画面从最深处挣脱出来呢？愿你的记忆里都是璀璨阳光，都是明媚花墙。

软木塞多肉

透亮的红酒在高脚玻璃杯里被轻轻摇晃，散发出圆润清新的气味，好比百转千回后凝结的人生精华。

琥珀色液体沿着杯壁缓缓流入你的口腔，迸发、旋转，最后归于平静。

微微的涩是不能事事如意却又看透世间百态的无奈；淡淡的酸是物是人非你还留在原地的哽咽；少许的甜是拥有过后存下眷恋的欣喜。

想让这种气味弥漫在屋子里，想人生像绿植般无所畏惧地生长，想时时刻刻拥抱一直以来努力的自己。

本期手作以红酒软木塞为容器，通过栽植小型多肉来提升家居格调，创造一个让心情明媚的特殊角落。

多肉少许、美工刀1副、镊子1把、磁铁若干、热熔胶枪1支、铲子1副、营养土适量、软木塞若干

软木塞多肉

制作方法

Step 1 用美工刀在软木塞上画出一个圆。

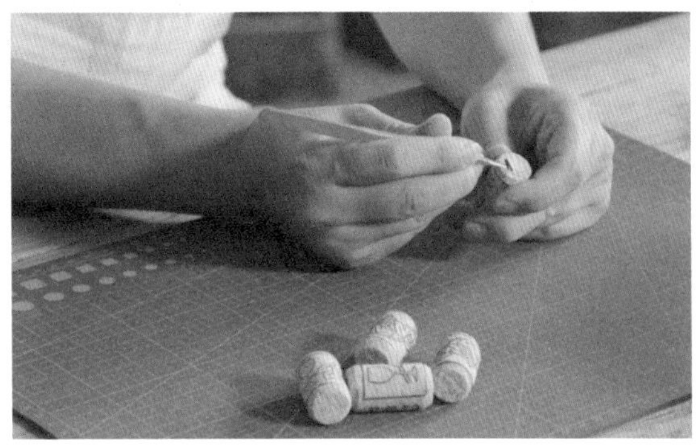

Step 2 用镊子依所画圆形在软木塞上挖出圆洞。

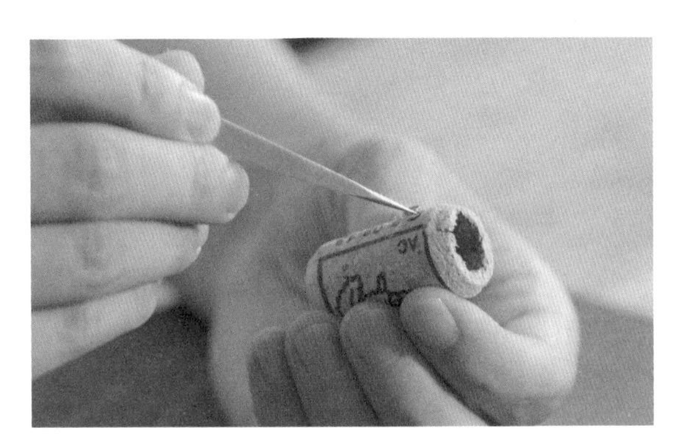

Step 3 用热熔胶把磁铁分别粘在木塞侧面的上下两端。

Step 4 用铲子往木塞里铲入适量营养土，种上小多肉，再将土填满。

酒香穿肠而过，留下来的是对生活的思考。如何将馥郁之气晕染到人生画卷之上，我们穷尽一生都在寻觅。

手作

迷你多肉壁挂

快速而沉重的生活节奏，让积攒的负面情绪无处释放，只能在肚子里膨胀。定时清除，也成了如今人们自我调节的新手段。

手作是不会过时的情绪调剂品，提醒人们保持着情调和热情。空荡荡的白墙反衬着归家者的疲惫、孤独，唯有那一抹绿意散发出些许家的温度，温暖一颗渴望被包容的心。

本期手作是制作迷你多肉壁挂，让白墙多点“人情味”。

材料准备

多肉若干、干苔藓若干、木片若干、刷子2把、镊子1副、吹灰球1个、剪刀1把、热熔胶枪1支、营养土适量

迷你多肉壁挂

制作方法

Step 1 用热熔胶把底部的6条木片黏合。

Step 2 再将木片两两黏合，做出4组。在底部木片两端分别垂直粘1组木片。

Step 3 再将剩下2组木片剪掉两端到合适的长度，垂直粘在底部木片其余两端。

Step 4 在上方依次粘4条木片，注意间隔相等。

Step 5 可以在木片表面均匀涂上喜欢的丙烯颜料。

Step 6 放入泡好的干苔藓，种上喜欢的多肉。用吹灰球清理掉表面的泥土。

星空巧克力淋面，糯软绵密的芝士，香浓的冰淇淋，新鲜爽脆的水果粒，入口即化的慕斯……陈列柜里令人眼花缭乱的蛋糕被寄托了祝福送往不同人生的主角手中。但它们从来只是耀眼礼物的陪衬，只是生日里很平常的附属物。短暂的许愿过后，就成为满足人们饱腹之欲的工具。

如何送出一个可以被珍视又能保存很久的蛋糕呢？本期手作教你亲手做一个缤纷的多肉蛋糕，让礼物和你的心意永远不过期。

材料准备

多肉若干、蛋糕形花盆1个、土壤适量、垫片1块、铲筒1个、镊子1副、滴水壶1个、吹灰球1个

制作方法

Step 1 往蛋糕形花盆内放入垫片。

Step 2 将土壤铲入盆中，土面略低于盆口即可，用手抹平土壤。

Step 3 将多肉种植于花盆内，可考虑朋友喜欢的色系来搭配。为了达到出色的观赏效果，需要用多肉填满花盆，并用镊子修整其形态。

Step 4 用吹灰球吹去多肉上多余的土壤，随后用滴水壶浇水保持土壤湿润。

6 花盆装饰

你是否对身边事物的存在有了理所当然的习惯性？你是否对它们已经没有了探索的热情？

满足于当下拥有的一切固然不错，但其实，保持一定的好奇心和探索欲也能激发你对生活的向往，从而获得心灵上真正的快乐和享受。

就如花盆，家庭中常见的也不过白瓷、红陶和清水泥，再美的植物和它们搭配久了也会腻烦。而我们只需要动动手来改变花盆的纹理和质感，就可轻松拥有一处独一无二的绿植角落，带给家人愉悦心情。

材料准备

白瓷花盆1个、红陶花盆1个、水泥花盆1个、装满温水的水盆1个、指甲油若干瓶、纸胶带2卷、丙烯颜料若干瓶、含胶颜料若干瓶、刷子4把

制作方法

花盆装饰

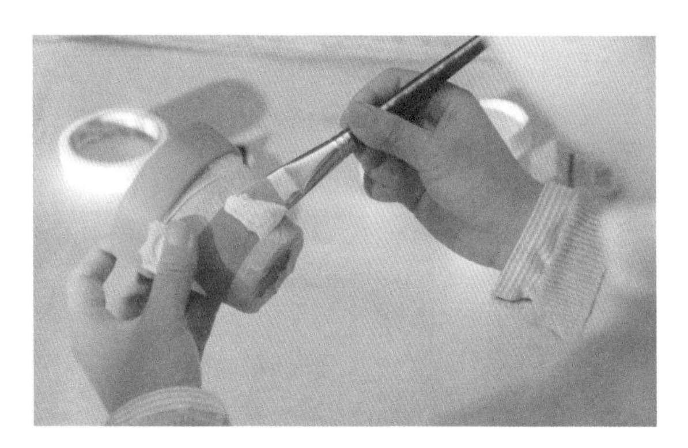

Step 1 把指甲油依次倒入盛有温水的盆里，注意颜色尽量错杂开。将白瓷花盆底朝下浸入水中，使其表面晕染上指甲油，置于通风处待其晾干。

Step 2 在红陶花盆上部和下部粘上纸胶带，将丙烯颜料涂满花盆中部，待其晾干后撕下胶带。

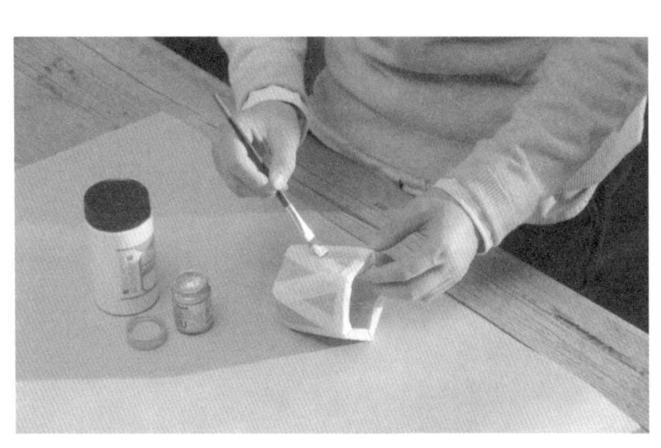

Step 3 在水泥花盆凸起的棱角上贴满胶带，用含胶颜料涂满空白的三角，待其晾干后撕下胶带。

Step 4 在三个花盆里种上喜欢的多肉，浇水保持湿润。

吊绳花盆

一根绳子，有它的千娇百态，有它的心情跟故事。

月老用他的红绳羁绊了一对对有情人，有的绳子被打了死结，有的在纠缠中被扯断了，还有些曲曲折折绕过几片海几座城，而最让人心生艳羡的是一条直线就能望见彼此眼睛里的光芒。

你我的人生又何尝不是这交织的绳网，每一个节点都储存着特定时间内的欢欣雀跃，郁闷不甘，抑或眷恋不舍，然而再回首，也不过轻笑当初年少，不谙世事罢了。本期手作教大家用吊绳来装饰绿植，强调搭配的重要性。

多肉若干盆（或其他小型绿植）、爱之蔓若干条、文艺风花盆若干个、吊绳若干条、铲子 1 把、营养土适量、吹灰球 1 个

吊绳花盆

制作方法

Step 1 用铲子将营养土铲入花盆中，土面到花盆中部稍上方即可。

Step 2 将绿植小心地从原盆中取出，放入新盆，再覆盖一层土。用吹灰球吹去绿植表面的灰尘。

Step 3 给换盆成功的绿植浇水，适量保持其湿润。

Step 4 用吊绳网住花盆挂在墙上，并用爱之蔓装饰。

其实，人生有点折腾也是件好事。你要相信，在黑暗退去之后，在海潮拍打过后，一切都会归于平静。那一场洗涤的大雨不会缺席，而我们应该做的就是接受粘在身上的泥土，让它们滋养着我们。

北欧风花盆

简约、自然、人性化，一直都是北欧风吸引大众的特质。设计风格蕴藏着一种随性又不随意的生活态度。以人为本，舒适惬意，不过分注重外表的华丽。

生活不就是如此吗？中心是你，不是他人对你的评头论足。试着把自己的感受放第一位，外在的好坏不能由他人两三句评价定论。学会接纳自己的不完美，学会看淡生活的不如意，保持那份对大众群体的忍耐，对小众群体的关怀，随风起舞，随心而动。

生活也需要线条明朗，清爽利落。丢掉没必要的包袱，清理掉前人留下来的垃圾。泡上一杯咖啡，窝在阳台的吊椅上，看云卷云舒。

材料准备

多肉若干、马口罐若干个、营养土适量、铲子1把、吹灰球1个、滴水壶1个、镊子1副、锤子1把、钉子1颗、铺面石1盘、装饰标签若干

第一次浇水要在2~3天后进行，以防根部在颠簸受损后见水感染。

制作方法

北欧风花盆

Step 1 在容器底部用钉子和锤子打孔，基本上4个孔就足够了。

Step 2 往容器内铲入种植土。用镊子将多肉种入容器内，再覆盖一层土，用手调整其形态使其直立。

Step 3 将铺面石均匀撒入多肉周围，用吹灰球吹去表面浮土。

Step 4 在容器表面贴标签装饰。

9

铁丝网花盆

美国诗人弗罗斯特写道：“在一片树林里分出了两条路，而我选择了人迹更少的一条，从此展开了截然不同的人生。”

我们都会面临选择，却也害怕选择，似乎稍不慎，就会坠入深渊，落得个粉身碎骨的下场。未知让人好奇，也让人恐惧。一部分人的恐惧大于勇气，宁愿待在铁丝网筑成的牢笼里，也不愿跨出脚呼吸一下外面的空气。

本期手作以改变束缚为主题，铁丝网为花器，搭配肥嫩多肉，将恐惧转换为勇气。

铁丝网冰冷坚硬，苔藓复古文艺，多肉活力生机，只要你有想法，随时可以动手搭配创作。思想永远在行动之前，希望每个人都能坚定地迈出那一步。

材料准备

多肉1棵、铁丝网1片、干苔藓1扎、水1壶、种植土适量、铲子1把、装饰纸条1张、挂钩1个、案板1个

铁丝网花盆

制作方法

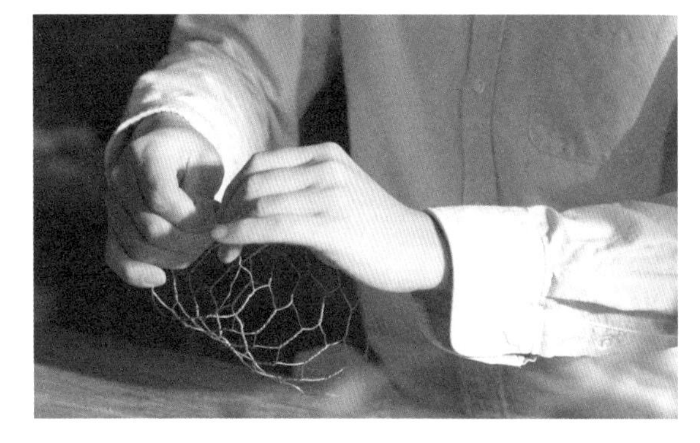

Step 1 将铁丝网绕成圆柱形，固定接口，做成花器。

Step 2 将干苔藓泡入水中，待其完全膨胀后捞出拧干，将拧干的苔藓铺入花器四周。

Step 3 往花器内铲入种植土，种入多肉等较耐旱植物，再覆盖一层土。

Step 4 在花器上放入装饰纸条，最后用挂钩把花器固定在案板上。

多肉扦插繁殖方法

风凉丝丝的夜晚，阿宇习惯性地掏出手机，拨了一个熟记在心的号码，照例响了三声对方的声音就出现了。

“喂，是阿宇呀。晚饭吃了吗？别顾着工作就不管身体了，该吃就吃，该睡就得睡，听到没有？钱还够吗？要是不习惯那的环境，回来也好啊。对了，最近小王他老婆生了龙凤胎，可给他们一家高兴的呀……”母亲一接通电话就仿佛要说上几天几夜，阿宇听着她苍老中带着激动的声音有些恍惚，她大概连挪个椅子都很吃力了。夜幕是墨蓝色的，阿宇拉开窗帘，问道：“妈，你那边的天现在什么颜色啊？”“当然是黑的喽！哎哟哎哟，太晚了太晚了，赶紧去睡觉吧。”母亲挂断电话，阿宇熟练地点上一根烟，该回家一趟了，他心想。

人在离开家后才学会了成长，和多肉植物一样，在一个新的地方把根扎得更深。本期将为大家介绍多肉的两种扦插繁殖方法。

叶插

多肉扦插繁殖方法

白牡丹、黄丽、蛭石、泥炭、细粒赤玉、缓释肥、育苗盒

繁殖过程

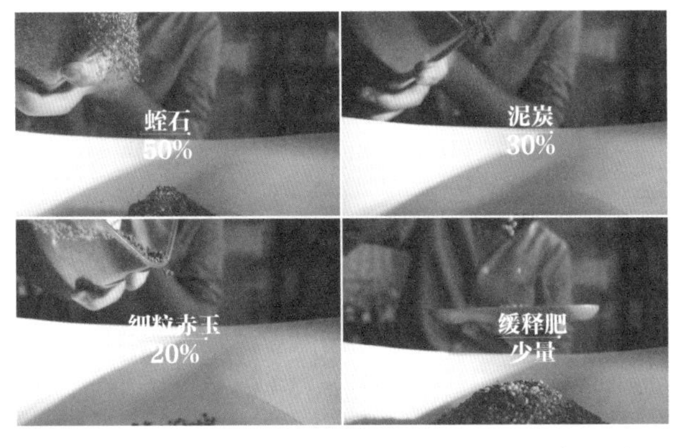

Step 1 将蛭石、泥炭、细粒赤玉以5:3:2的比例混合，再加入少量缓释肥。配好后装入育苗盒。

Step 2

轻轻摇下黄丽和白牡丹的叶片，平放到育苗盒里。给育苗盒外层浇水让土吸收到水分。

Step 3

一个月后会长出新的芽点。

鲜切砍头

腊牡丹、月兔耳、白羊宫、手术刀、钓鱼线（适合难以用刀切的白羊宫）

繁殖过程

Step 1 用手术刀“砍头”，在阴凉通风处放置三天晾干伤口。种入育苗盒中，土壤仍用叶插时的配土。

Step 2 若用钓鱼线“砍头”，则在一个月后切掉切口发出的新芽，种入育苗盒中。

多肉配土选择

多肉对于土壤的要求是既保水又透气，并且颗粒稍多。我们在配土的时候把土分成了两类物质。第一类是黑色如草炭的物质，即草炭土，它的主要特点是能起到保水保肥的作用，促进植物迅速生长，保证其长势良好。另一类物质是颗粒土。在配土的时候要针对多肉植物不同的生长阶段和不同的习性，按照不同的颗粒土和草炭土的混配比例，综合使用。

一般来说，我们希望小苗尽快长大，所以在小苗期，草炭土的比例需要50%左右。当生长到满盆的尺寸，我们希望形状和颜色更好的时候，即满盆期，需要降低草炭土的比例至30%~40%，甚至在一些比较潮湿的地区，颗粒的比例可以达到70%~80%，也可使用纯颗粒养护。

除了生长阶段不同导致配土不同外，多肉植物不同对配土要求也不同。

如玉露对颗粒的要求是在浇完水后，在长时间内保持土壤里一直含有水汽。因为它是肉质根，因此要求储水性能好的颗粒的含量更高。

储水性能比较好的颗粒是鹿沼土，它本身先把水吸收进去，较长时间后再逐渐把水分释放出来。这就是土壤保水又透气的核心原理。另一种保水又透气的是多孔隙结构的颗粒土，如“青石”和“火山岩”。没有储水性能的颗粒是“河砂”类颗粒土，只能在表面附上一层薄薄的水，但很快会蒸发掉。

因为肥料能使多肉植物长大，但不会帮助植物上色，所以一般配土时是不掺加任何肥料的，养护的中后期也是如此。

多肉配土选择

夏型种多肉品种及度夏养护

夏型种多肉品种包括护盆草如“胭脂云”“姬星美人”，兔耳系列如“月兔耳”“锦晃星（红兔耳）”，还有景天科拟石莲属植物中的“雪莲”“秀妍”“唐印”等。除此之外，有一种介于春秋型种和夏型种之间的植物，是十二卷瓦苇属的玉露类。而“生石花”虽然不是严格的夏型种，但是它在夏天的养护方法十分简单，因此我们也将它归于“类夏型种”中去。

夏型种多肉生长相对缓慢，在夏季需要水分的补给，待盆土干透之后再补充水分。补水时要注意不能浇得太透。它虽然耐热，但是环境温度超过 38℃时，还是要进行遮阴降温的操作。

在夏季购买这类多肉的话，首先一定要选择优质店铺，可以查看店铺评分，在行业均值之上就可被纳入考虑范围；其次尽量选择能带盆土发货的商家，这样的话，可以给自己省去修根上盆的“服盆”过程。

夏型种多肉品种
及度夏养护

冬型种多肉度夏养护

冬型种多肉植物在夏天反而会有一个更加美丽的外观，如“法师”和“山地玫瑰”。在温度比较低的季节，它会保持一个生长速度，到了夏天，气温上升，它会进入休眠状态来度夏。为了减少接收光照的面积和自己体内水分的流失，它会变得越来越紧凑，越来越小型。在我们眼里，它拥有花一样的漂亮外观。夏季气温太高，光照过强，它为了抵挡紫外线的照射，会在叶片上生成一种红色的物质，则会显得植株越发美丽。

冬型种多肉在夏季是完全休眠的状态，如果花友们实在忍不住想种植，夏天购买的时候需要注意两点：

一、选择靠谱的商家。比较店铺的评分和客服的评分。

二、选择带土球发货的商家。

如果收到的冬型种多肉带土带根，则无须做修根处理，直接种入花盆，在周围缝隙处填上种植土即可。平日摆放在不被阳光直射的地方，避免暴晒。这样有利于降低它的温度，帮助度夏。

切忌让它的叶片和茎淋上雨水，防止真菌的繁殖。

夏季养护时，冬型种多肉最容易出现的病害问题是真菌从茎部入侵，逐渐向上下传导。解决这类问题，最好的措施是定期预防，用杀菌药将整株喷透。同时夏季也是介壳虫的高发期，用“阿克泰”一类的杀虫药处理即可。使用杀菌药时，要注意药物浓度，通常稀释 1000 倍，喷洒要在傍晚等温度较低的时候进行。没有虫害时，不推荐使用杀虫药。

它在夏季的需水量小，可保持短时间的断水处理。但当冬型种多肉的叶片逐渐打开，长出新的白色根系时，就可以慢慢增加浇水的频率和光照时间了。

冬型种多肉度夏养护及
防治病虫害相关药物推荐

夏季多肉病虫害防治和相关药物推荐

夏季多肉要定期用杀菌药预防，药水要把整株喷透才可以。一般在这个季节介壳虫属于高发期，一旦发现，最好的做法就是用药物处理。推荐使用“阿克泰”，它是一种低毒并且对介壳虫十分高效的药物。除了常见的“多菌灵”和“百菌清”，比较推荐的杀菌药还有“苯醚甲环唑”和“嘧菌酯”，这两种药针对高等真菌更加有效。

新手在使用杀菌药和杀虫药时需要注意几个问题。一是杀菌药使用的时候要注意浓度，我们推荐稀释1000倍，然后再喷施于植物。喷药时一定要避免阳光直射，最好在傍晚等温度较低的时候再进行。二是没有虫害时不推荐使用杀虫药，否则会导致药害现象，即植物会产生许多斑纹。

冬型种多肉度过夏季之后就会恢复生长的状态，夜温低于20℃时，植物叶片会重新打开，白色根系也会出现，此时它就开始进入新一年的生长阶段，可以逐渐增加浇水频率和光照时间。

本节视频内容涵盖在上节“冬型种多肉度夏养护”的视频中。

多肉出锦原因及真假分辨

多肉出锦指的是它的茎、叶等部位发生颜色上的改变，如变成白、黄、红等颜色。这是缺失了部分叶绿素的原因，所以出现锦的部位得依靠其他母体的营养输送才能继续存活。比较常见的锦有白锦、黄锦，如熊童子全绿色的叶片上产生许多大面积的白色斑纹即它的白锦。除此之外，还有全锦，如桃蛋的其中一个侧枝已没有任何叶绿素，如果它的母株死亡，那么这棵全锦的植株也无法存活。

多肉出锦是非常罕见的，是可遇不可求的，大概几万株甚至几十万株里才会出现比较大的锦斑，这也是为什么有无出锦的多肉价格悬殊的原因。市面上的出锦多肉数量可观，但真真假假难以分辨。有些商家推出的是在植株叶心上产生的全锦，这是生产商通过药物使整棵植物停止生产叶绿素的结果。如果我们想在线下买到健康的出锦多肉，一定要避开这种药锦。那么如何判断是药锦呢？一般来说，锦明显且价格又低的植物都是药锦植物。

我们不能为了一时的美观就去选择药锦，因为药锦存活时间特别短暂。

多肉出锦原因及真假分辨

第二篇

空气凤梨

 空气凤梨相框

“我觉得我是个空气人，我努力对每个人好，为什么大家都忽视我呢？”她呆呆地盯着地面，仿佛再也没有什么值得她抬眸。在她自言自语般倾吐不快的时候，大叔默默端了杯咖啡送到她面前。“谢谢大叔，很久没有人递给我一杯咖啡了。”久违的笑容慢慢绽放在她脸上。

她的善良和美好被看成理所当然。如果有一天，她消失了，大家才会明白当初是多么依赖她。

她朝镜子走去，仔细端详。“是因为我不够漂亮还是因为我太平凡，大家才把我当空气？可是……”话还未落，电话铃声就打断了她的思绪。她踌躇着转身，有些许慌乱。“其实我很害怕和别人讲电话，有些事情宁愿发短信去解决……”

这也许就是“空气人”的特性吧。不善于和他人打交道，害怕融入人群，却有着不寻常的善良和韧性。不需要土壤，不需要娇惯，就如空气凤梨一般朴实而又坚强。

材料准备

永生苔藓若干、空气凤梨若干、沉木少许、相框1架、贝壳1个、镊子1副、双面胶1卷

空气凤梨相框

制作方法

Step 1 将双面胶粘在空气凤梨上。

Step 2 将空气凤梨粘在沉木上，然后放入相框。

Step 3 在相框空隙里铺上永生苔藓。

Step 4 放入贝壳和小植株做装饰。

本期手作以圆形器具为主，重在壁挂的设计，打造一个墙上小花园，以实现身受空间局限之苦的花友的“花园梦”。

框住自己的其实是自身的能力，打破局限还是循规蹈矩，一念之间就会天翻地覆。选择权在你手上，结果也由你来品尝，愿你能触摸到每个梦想。

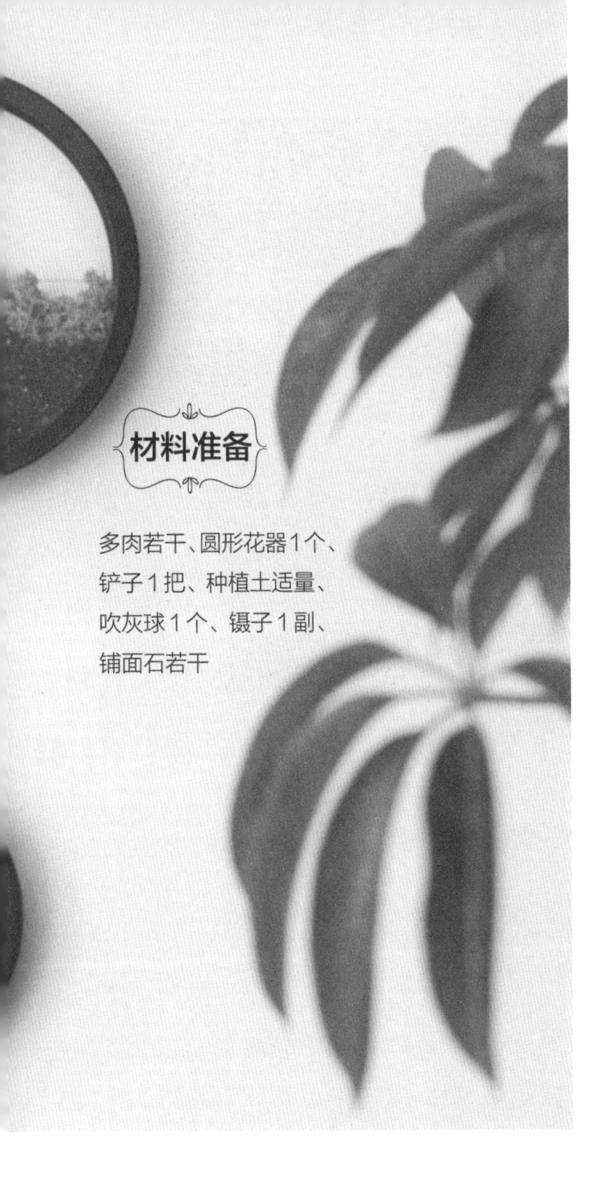

材料准备

多肉若干、圆形花器1个、铲子1把、种植土适量、吹灰球1个、镊子1副、铺面石若干

圆形壁挂

制作方法

Step 1 将种植土铲入圆形花器中。

Step 2 用镊子将多肉种到花器里，调整形态。

Step 3 把铺面石填充到空隙处。

Step 4 用吹灰球清理多余泥土。

植物礼盒

一瓶果味气泡酒藏在缀满尤加利叶的藤圈里，仿真浆果似乎散发着甜甜的味道。层层叠叠生长的空气凤梨躲在棕褐色的复古纸盒中，带着淡淡光泽的蓝色丝带暗示着设计者品位不凡。软木塞和小棵空气凤梨的组合，是只对朋友展现的可爱姿态。

在用金钱包装的礼物漫天飞舞的时候，这份用心意包裹的植物礼盒经过时间的打磨，承载了独特的情谊，更加珍贵难得。

圣诞月不该是商家竞争带来的心理攀比，给予温暖和祝福才是亘古不变的主题。融合植物特有的语言，诉说内心真切的想法，即使物欲横流，这份心意也是一尘不染。

本期手作以圣诞月礼物为主题，将植物礼盒化，突出当今社会人们心意的重要性。

藤圈 5 个、尤加利叶若干、风蜡花（澳梅）若干、仿真浆果若干、软木塞 1 个、热熔胶枪 1 支、不同形态的空气凤梨若干、花艺扎带 1 卷、丝带 1 卷

植物礼盒

制作方法

Step 1 在藤圈周围用尤加利叶点缀，插上澳梅和仿真浆果作为装饰。

Step 2 用花艺扎带把空气凤梨系在花环上，完成植物花环。

Step 3 将空气凤梨放入盒子中，用丝带在盒子外面交叉并打结。

Step 4 将软木塞挖洞并粘在盒子上，挑选大小合适的空气凤梨放入软木塞中。

空气凤梨水母

一路跌跌撞撞，身体上的瘀青好了又添，心口的伤却是永久的疤痕。这个社会就连擦肩而过的人都可以让你一身疲累，只因你还不够熟练地应付一切，还不够坚强地面对磕绊。看那肆意生长的空气凤梨在风中摇曳，无需土壤的温床，在空空如也的环境中也能快乐无比。看那自由自在的水母在海里游荡，透明的身体隐藏着巨大的潜能。

希望你有空气凤梨的韧性，将挫折踩在脚下；希望你也有水母的灵活，在各个场合游刃有余。生活不过如此，你强大起来，它就会一帆风顺。每个人都有难言之隐，每个人都有不能揭开的伤疤，路还要走下去，保持你的特色，也祝你能享受真的自由。

本期手作是用海胆壳和空气凤梨来制作水母形状的装饰品，给家中一角增添海洋的气息。

材料准备

空气凤梨若干、多肉植物若干、量杯式玻璃容器 2 个、铲子 1 把、海胆壳 3 个、镊子 1 副、钓鱼线 1 卷、木棍 1 根、贝壳沙适量、营养土适量

空气凤梨水母

制作方法

Step 1 往一个玻璃容器内均匀铺上两铲子的营养土，种上多肉植物。

Step 2 在另一个玻璃容器中均匀撒上贝壳沙。

Step 3 将1个海胆壳作为小花器，放入空气凤梨，置于容器底部。另一个海胆壳放在旁边。

Step 4 用钓鱼线连接空气凤梨和海胆壳并拴在木棍上，悬挂于容器口。

水泥蛋壳

灰白色的水泥总给人一种疏离淡薄之感，想亲近却畏于距离。仿若有些女生，莲步生风，气质清冷，时常让人产生不易接近的错觉。属于这类特质的人大概内心也正苦恼着吧。他们的温暖在冷淡的另一面，等不到发掘。

本期手作赋予灰冷调子的水泥以温度，用空气凤梨和永生花作为装饰，营造一款暖心的爱之巢。

空气凤梨若干、永生花若干、水泥1盒、水1壶、小铲子1把、气球4只（5寸左右，不要加厚的类型）、漏斗1只、打气筒1只、大盆1个、柔软的布若干、刀片1副、砂纸1张、篮子1个

水泥蛋壳

制作方法

Step 1 往杯子中铲入约1/2的水泥，再倒入水，水泥与水的体积比约为2：1，混合搅拌均匀，倒入干净的杯子中。

Step 2 将气球套住漏斗下端，水泥经漏斗灌入气球里，八分满即可。

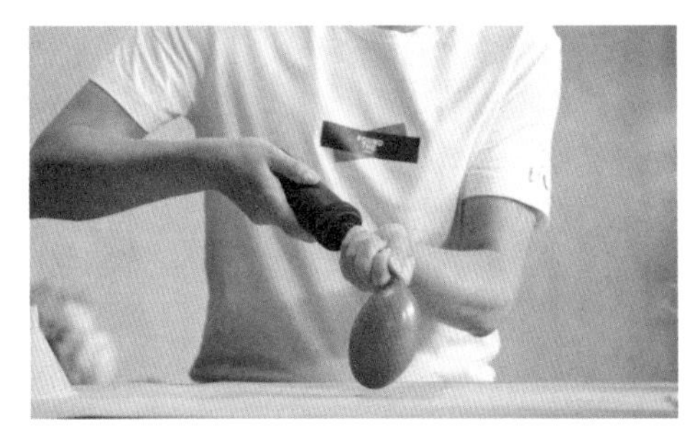

Step 3 用打气筒往灌了水泥的气球里打气，注意气体不用太多，以防水泥层太薄。

Step 4 扎住气球，用手轻轻揉捏，使水泥均匀附在气球内表层上。

Step 5 在盆底部铺上柔软的布，将气球放入盆中。每隔5min将气球翻转一次，持续约2h，确保水泥均匀覆盖在气球内表层。

Step 6 待水泥凝固后，用刀片轻轻切开气球外皮。

Step 7 将裂口或脆弱的地方敲碎，作为开口。外层的瑕疵用砂纸打磨。

Step 8 在篮子里铺上装饰物，蛋壳里放入空气凤梨或永生花装饰。

手
作

6

北欧风立体几何花架

奉行极简主义的人，大都偏爱几何吧。其结构清晰，线条明朗，有强烈的存在感，又不至于太高调而惹人眼红。似乎原则性极强，精心规划生活轨迹，不容他人轻易介入自己的圈子，他们是这样独特而有味道的一群人。然而再清冷也是生活于尘世间，沾染的烟火气反倒添了些温暖。

想来，硬朗的几何搭配清新的绿植也别有一番风味。几何线条仿若汉字的宋体，那青翠的弯曲延伸则是国画里的工笔，书画结合，让人心生欢喜。

本期手作以立体几何为主题，利用PVC管制作一个简单的绿植壁挂。

材料准备

空气凤梨若干、PVC 管 1 根、美工刀 1 把、铜线 1 卷、铅笔 1 支

制作方法

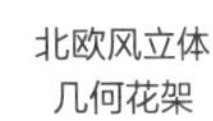

北欧风立体几何花架

Step 1 截出4根22cm长，2根15cm长，6根10cm长的PVC管。

Step 2 先用铜线将2根22cm长和1根15cm长的PVC管穿成一个等腰三角形。

Step 3 再用22cm长的PVC管做边，10cm长的PVC管做底，穿出两个等腰三角形。上面用10cm长的PVC管穿出两个等边三角形。最后加上15cm长的PVC管做边，收口。

Step 4 可以喷上喜欢的颜色，粘在墙上，放入空气凤梨。

空气凤梨的养护

养护

空气凤梨并不是只依靠空气就可以存活的，它需要良好的光照，最好摆放在窗台上给一点散射光，避免烈日暴晒。在后期养护中也需要及时补充水分。如果叶片变硬或变成褐色，就意味着它已处在缺水的紧急状态。在比较潮湿的南方地区，一周至少喷水两次。而在比较干燥的北方地区，一周至少喷水三次以上。方法包括用家用喷壶均匀打湿空气凤梨，或者在水盆里泡上 10min 后捞出。注意捞出后要将叶心里的积水去除，防止烂心或病毒感染。已经开花的空气凤梨是不能让花朵浸泡在水中的。无论采用哪种方法，都尽量不要使用含氯的自来水。同时，在春夏和初秋的每个月，在水中加入一些水溶肥给它补充营养，能使它长出健壮的花朵和侧芽。

空气凤梨喜欢通风良好的环境，可放置于阳台处或窗户旁。在花期结束后，一定要及时把它的残花摘除，防止因霉菌感染而导致的腐烂。

这类植物实际上不耐低温，所以冬季时一旦温度低于 0°C，就需要把它收进室内比较暖和的地方。高于 25°C 时则要加强通风和提高湿度。

虽然空气凤梨不娇气，但是精心养护可以让它更加健壮美丽。

空气凤梨的养护

第三篇

鲜切花和干花

自然系花束

“如果你来看我，请告诉我吧。哪怕现在就说，哪怕马上就说。在你启程之前，我就开始幸福了。”——海桑《如果你来看我》

似乎还缀着星星点点的露珠，那一捧像是刚刚采下的花，透着淡雅的味道，在清晨的日光下，迷晃了人的眼。身穿白色长裙的女孩，被风撩乱了发，静静等在桥边。那束花被递到她的面前，温润的笑容慢慢浮现……

本期手作以自然系花束为主题，致力于给心爱的她一个美丽的惊喜。

材料准备

茉莛果叶、六出花、绣球荚莛（木绣球）、康乃馨、文心兰（跳舞兰）、米花菊、绣线菊（小手球）枝叶、风铃草、珍珠绣线菊（雪柳），植物数量由自己喜好决定；铁丝 1 卷、剪刀 1 把、麻绳 1 根、麻布 1 块、别针 2 个

自然系花束

制作方法

Step 1 将搭配好的花材螺旋排列，强调层次感。

Step 2 用铁丝在茎处固定花束。

Step 3 剪去多余的枝条，使花束下端整齐。

Step 4 用麻布遮住铁丝作为装饰，用别针固定。

Step 5 系上麻绳遮住别针，自然系花束完成。

韩式月季花束

我还记得送第一束花给你的场景，是入春的一个午后。我们路过一家藏在巷子里的花店，你停下脚步，俯身去嗅月季的香气，阳光温柔得不像话，灰色的猫咪躺在墙角边，慵懒地打着哈欠，我的耳机里还播着《德寿宫墙的春天》，是你循环一百遍都不觉得腻的歌。

我站在离你一米远的后方，看着你的背影，前几天剪的短发还闪着细碎的光泽。缀着水滴的鲜红色花瓣倒是把你的皮肤衬得更白皙了，我走到你身边，握住你的手走进店里。其实，就是想看你笑成孩子样的傻气。

本期以月季为主要材料制作韩式花束，教大家营造不一样的浪漫氛围。

月季（玫瑰）若干、花毛茛（洋牡丹）若干、郁金香若干、尤加利叶若干、铁丝 1 卷、细线 1 卷、玻璃纸 1 张、韩国 Flod 纸 1 张、雪梨纸 2 张、鹿皮绳 1 根

韩式月季花束

制作方法

Step 1 将花茎螺旋排列，再用铁丝捆绑。

Step 2 把花茎剪齐。

Step 3 用玻璃纸包住花茎，再用细线捆绑。

Step 4 将Flod纸对折，把花束放在其上，包裹住。

Step 5 将两张雪梨纸分别不规则对折，然后包在Flod纸外，做出层次感。

Step 6 最后用鹿皮绳捆扎花束。

永生花花篮

爱情，有保鲜期吗？

同在阳台，他点着烟背对着她，她抱膝凝望着天边的一抹残霞，花瓶里的花朵已没了生机，惆怅四起，悄无声息。在热烈过后只剩琐碎的回忆和平淡的对话。当初的悸动是否还能追寻回来？是否还能那样真挚又美好？

希望送你的花永远是新鲜的，如那时采撷的一秒生机，天长地久。希望爱情永远是热烈的，如最初相识的那一眼沉沦，久经不变。他立起身，离开。返回的时候，怀里抱着一篮美丽的永生花。她的睫毛上挂着泪珠，嘴角却已舒展开来。

本期手作是制作一个自然系的永生花花篮，定格花朵永恒的文艺气息。

材料准备

永生花材若干（依自己喜好选择）、空气凤梨若干、尤加利叶若干、米花菊若干、花篮1只、花泥若干、剪刀2把、绿胶带1卷、热熔胶枪1支、花托若干、铁丝1卷、皮绳1根

永生花花篮

制作方法

Step 1 用热熔胶将两块花泥固定在花篮中。

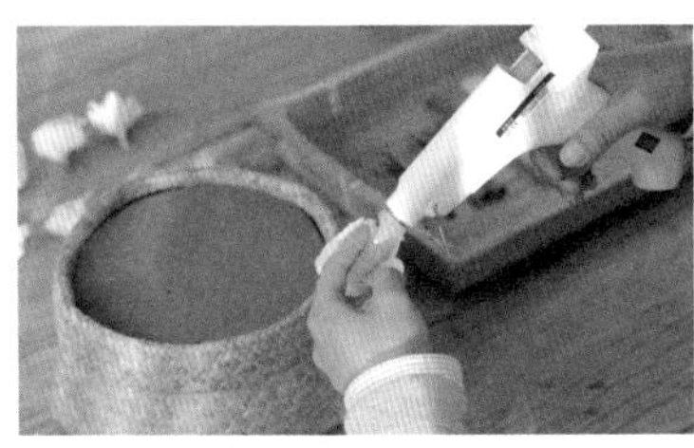

Step 2 撑开永生花的花瓣并打入热熔胶。

Step 3 将热熔胶继续打入花托，将花朵与花托粘连上。

Step 4 用铁丝捆绑其他植物，剪去多余的铁丝。

Step 5 把永生花按照喜好排列在花泥中。

Step 6 以空气凤梨、米花菊、尤加利叶做装饰点缀其中。

Step 7 将皮绳绑在花篮外侧，用空气凤梨点缀。

多肉手捧花

承载着新人对未来生活的幸福向往，寄托了下一位拥有者对爱情的渴望，这束或清新或浓艳的手捧花，在婚礼进行曲的协奏下，穿过人群，以一道美丽的弧线抛向幸运的女孩手中。

看尽了玫瑰的魅惑，淡雅的多肉手捧花浪潮正席卷而来。圣洁的头纱绕过指尖，轻拂过花朵，素白的、温暖的、令人心动的。温润的嗓音在教堂前方响起："一生一世只爱你一人。"泪，从眼眶滴落，溅起一阵掌声。"我把未来的桃花运都给你。"手捧花安静地躺在幸运女孩的怀中，还能听见"怦怦"的心跳声。它成全了上一个人的心愿，开启下一个人的爱情旅途。

本期手作是制作一束别样的多肉手捧花来搭配优雅的婚纱，以多肉的生动可爱为婚礼增添活力。

材料准备

多肉若干、月季若干、米花菊若干、雪叶菊若干、粗细铁丝各1卷、绿胶带1卷、枝剪1把、麻布条1块

多肉手捧花

制作方法

Step 1 用较粗的绿铁丝作为多肉的茎秆，用较细的绿铁丝捆扎固定。尽量不要伤到根。

Step 2 将花材按层次和颜色搭配排列，雪叶菊作为叶材遮挡住绿铁丝。

Step 3 用细线包扎花束，对花束做细节上的调整。

Step 4 用麻布条装饰花束。剪去多余的茎秆。插入水中。

鲜花画框

我的生活曾一片荒芜，寸草不生，头顶上空只有阴霾，没有想象中的啼鸣。可是某一天，我捡起沉睡在路人脚下的一枝玫瑰，莫名的欢愉从心底溢出。我始终记得那天微风和煦，与我擦肩而过的所有人都带着不同弧度的微笑，脚步轻快。我的世界开始退去阴霾，不知哪儿来的种子长出一片翠绿的草地，鸟语花香。我将那枝玫瑰插进盛满水的花瓶里，听着它汲水的细碎声，窗帘一角被风扬起，我转身去厨房久违地为自己冲了一杯咖啡。

本期手作以各类月季品种为材料制作一幅大型的画框，挂于家中营造独特的艺术氛围。

月季“誓言”若干、月季“海洋之歌”若干、多头月季“班德列”若干、多头月季“红宝石”若干、乌头若干、叶材若干、画框1个、花泥1块、铁丝网1张、扎带若干、刀1把

鲜花画框

制作方法

Step 1 浸泡花泥，让它自然吸水至饱满，捞出后切割成圆柱形。

Step 2 剪下大小合适的铁丝网。

Step 3 将铁丝网包裹花泥，用扎带锁紧。

Step 4 将花泥柱用扎带固定在画框上。

Step 5 用叶材打底，设计整体造型。

Step 6 用月季“誓言”做焦点花材，辅以其他月季，再用乌头点缀。

试管风铃

你听过清风钻进卧室碰撞出叮叮咚咚的声音吗？清脆得就好像咬上几口刚从田地里摘的嫩黄瓜。风铃手牵手跳着芭蕾舞，清茶的热气还未消散，你手中的《生活的艺术》刚翻到第10页。

外面霓虹初上，车马喧嚣，你的家是不是你梦想过的模样，有没有那么一抹清新的绿色和一阵悦耳的饭间伴奏给你带来慰藉？本期的试管风铃旨在装扮你的家居，同时还希望把艺术色彩渗透进你的生活。

材料准备

鲜切花或适合水培的植物（如薄荷、绿萝、勿忘草等）、钓鱼线1卷、铁网1个、麻绳数根、试管形状的悬挂花器若干（也可按个人喜好选择其他形状的花器）

试管风铃

小贴士 由于鲜切花保鲜时间不长，每日更换清水且加入一些蔗糖可适当延长其寿命。

制作方法

Step 1 把钓鱼线依次绑在铁网十字交叉的地方，注意防止钓鱼线缠绕。

Step 2 将铁网翻到另一面，在四个角的十字接点分别绑上麻绳，用麻绳将铁网在天花板上挂好。

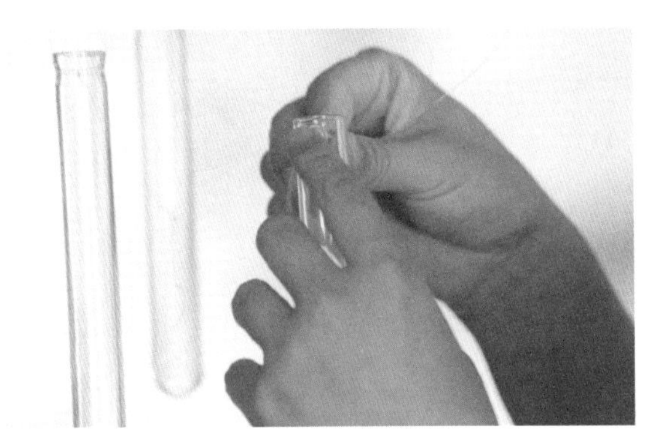

Step 3 把试管逐个系在钓鱼线上，长短错开可营造空间层次感，提升美感。

Step 4 在试管中倒入清水，保持七八分满即可。将你喜欢的植物进行修剪，分成小株插进试管里。

在繁忙过后，找一段专属时间和家人一同制作一款试管风铃，体会在慢慢流淌的时间中的浪漫与温馨，生活就这样变成你所期待的模样。多留心观察，独一无二的花器也许就在我们身边，而我们想要的生活，或许也能触手可及。

7 压花

韶华易逝，红颜易老，世间万物最美丽的时刻永远过于短暂，给了你惊鸿一瞥，从此就怀揣期待，只因那样的美好再也无法寻觅。在渴望之下，世人绞尽脑汁想要保存那一瞬的惊艳，于是压花这项技术就应运而生。封存鲜花的美丽，定格住那堪堪几秒的绽放。把它置于透明的相框里，隔着玻璃摩挲、赞叹。你看，转瞬即逝的美好也是可以保存下来的。

本期手作是让鲜花在精心制作下，变成漂亮的装饰画或卡片，将刹那的美延续下去。

材料准备

鼠尾草和大阿米芹（蕾丝花）若干（选择形态比较分明的植物）、雪梨纸若干张、电熨斗1个、布1片、透明相框2副

制作方法

压花

Step 1 选择形态比较分明的植物，夹在可以吸收水分的雪梨纸中间。

Step 2 调整植物形态，用力将电熨斗按压上去，熨烫30s左右。

Step 3 反复烫压多次，直到植物脱水变干。

Step 4 形态平整的叶材也很适合做熨烫干花，用同样的方法熨烫多次直到脱水，最后装入相框。

植物烛罩

当我受伤的时候，你若自然轻拥我，我就会破茧成蝶在天空飞翔。当我于黑暗中摸索的时候，你若为我点盏灯，我就会鼓起勇气走到成功的彼岸。当再也没有听谁提起过我的时候，你若为我寻一些花草，建一座方正的屋子，我就会在里面发光发热实现剩余价值。

关了灯，你窝在小小的沙发上，万籁俱寂的夜晚，那烛光还孜孜不倦地酝酿着情绪。微弱的，映着植物千奇百怪又楚楚动人的形态，一晃一晃，让你看得入了神。心里涌起一股暖意，还有丝生活的味道，恰巧你爱看的电视节目开始播放，你紧了紧身上的毛毯，找了个舒服的姿势，享受独处的平静时光……

本期手作是以干花干叶和硫酸纸为主要材料制作植物烛罩，给予孤独的你一丝光亮和温暖。

干花干叶若干、硫酸纸若干张、剪刀1把、尺子1副、铅笔2只、白胶1瓶、裁纸刀1把、纸胶带1卷、蜡烛若干

植物烛罩

制作方法

Step 1 在硫酸纸上标记好长度，使之能裁剪8cm×16cm的长方形4个。

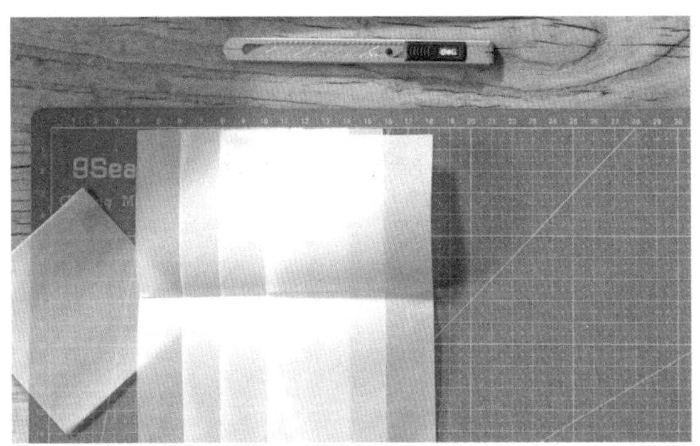

Step 2 将长方形对折成8cm×8cm的正方形。

Step 3 用白胶把干花粘在长方形的纸上，折痕朝上，然后对折密封三边。

Step 4 把四个面用胶带粘在一起，剪掉多余胶带。将蜡烛放入。

植物影灯

灯影憧憧，染了风霜的宣纸对着枝头轻叹，娇怜的花朵紧贴着它的胸膛，想拼命抓住那一丝光亮。婀娜的姿态，浅淡的韵味，灯笼在风中摇曳，释怀了因果过错，看透了世间沉浮，只用那星星点点的光芒叙说着自己的态度。与世无争，我只看他人悲喜交替，间或拿出些力量来照亮他们前方的道路。

树影婆娑，莫名添了些许思念，借着灯笼微弱的光，环视良久。大概还贪恋着前人给过的温柔，还想要重温那些再也拼凑不了的回忆。灯笼轻轻晃荡，发出沙沙的响声，似乎笑人们太过痴傻。这大千世界有你需要追寻的方向，黑暗只是一时的考验，顺着那光亮，一路摸索，终究能到达你想去的地方。

干花干叶若干、灯笼 3 个、白胶 1 瓶、小刷子 2 把、绳子 1 卷

植物影灯

制作方法

Step 1 选择喜欢的干花或叶子在灯笼上摆出造型。

Step 2 在植物背面均匀地涂抹白胶。

Step 3 将植物粘在灯笼上，使叶面平整。

Step 4 待白胶干透，将灯笼挂起来或点缀线灯做装饰。

倒挂干花

就像昨日的余晖穿过你的指缝，残留一丝温度；像陨落的树叶埋进干瘪的土里，给予最后的力量。或许，看似残败萧条的背面反而是制造了生机。当触手可及的美丽总是转瞬即逝，挽留无果时，也可制造枯败的景象让其以另一种自然的方式留在你的掌心，继续散发独有的气息与魅力。

干花制作可以保存具有特殊意义的鲜花，制成香袋提醒自己爱情的甜蜜与美妙，又或者放入瓶中装扮家居一角，形成自创的文艺浪漫风格。

本期手作是用最简单的方法即风干鲜花使之脱水制成干花，可以较长时间保持鲜花原有的色泽和形态。

鲜切花若干、园艺剪 1 把、铁桶或花瓶 2 个、绳子 1 卷

倒挂干花

制作方法

Step 1 挑选适宜的鲜切花。

Step 2 五枝左右绑成一束，花头错开排列，防止互相挤压。

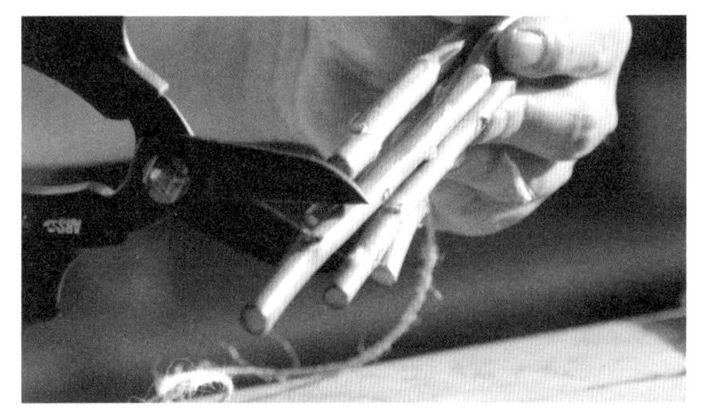

Step 3 把根部枝条修剪整齐。

Step 4 倒挂自然风干，注意三四天后可以轻吹花头，帮助固定花型。

Step 5 解开绳子，将干花放入铁桶或花瓶中装饰。

鲜切花要尽量选择半开或者是带花苞的，风干环境要选择阴凉通风处，不能潮湿，也不能让花瓣晒到太阳，否则会失色。

北欧风花瓶

黑色的铁丝几经磨难，终于被弯折成了有思想的花器，它们静静伫立在桌上，任时间缓缓流淌。还保持着原有形态的干花依附在其上，低垂着头，诉说着内心的雀跃。素雅又浪漫的风格，被它们完美诠释。

最简单的形状也能承载着最美好的物件。空空如也的双手也能打造出心中所想。看起来违和的搭配说不定能让人眼前一亮。世间定律太多，创新太少，我们跟随着前人的步伐，模仿着他们的品位，或鄙夷或怀疑自成一派的想法与做法。不是昂贵的礼物才能深得人心，不是精致的包装才能凸显你的气质，简洁大方之美自有它流传的道理。

本期手作是用铁丝与干花打造简约的北欧风格，以低成本制作大气的设计单品，可以置于餐桌上或窗台旁，营造温馨氛围。

干花若干、黑铁丝 1 卷、剪刀 1 把、玻璃瓶 1 个、钳子 1 把

北欧风花瓶

制作方法

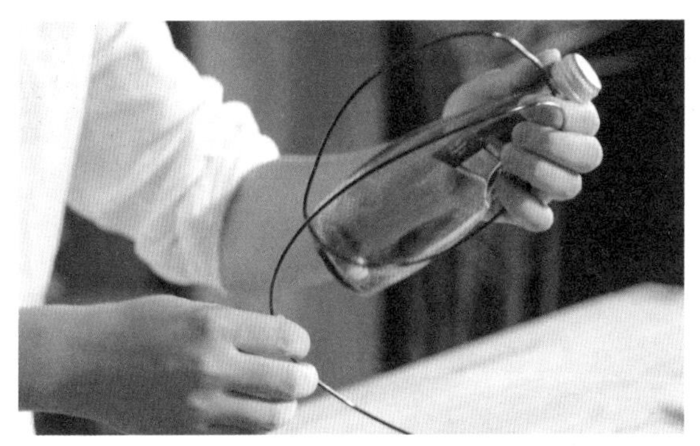

Step 1 剪一段黑铁丝，预留出足够长度。

Step 2 以玻璃瓶为模子缠绕铁丝，先绕出瓶底。

Step 3 顺着瓶子绕出完整的形状，调整形态。

Step 4 用钳子收口，把干花放入其中。

12 植物灯

忙碌的生活会突然有一个停顿，就像持续快跑被外界中止一样，巨大的孤独感席卷而来，让人手足无措，只能在同一轨道走走停停，停停走走。失去了往前冲的任务，茫然立在原地，肌肉的酸痛还提醒着你昨日的奋斗，然而今日你就被赋予享受惬意生活的权利。

远离人群的时候，正是沉淀自我的好时机。捧一本书，点一盏香薰灯，鼻尖萦绕着喜欢的味道，瞳孔里是微黄的光芒包裹着美好的文字。你坐下来，品味着惦记多时但因忙碌而错过的大红袍的香气，眼前变得一片雾蒙蒙，不知是不是灯的映衬，连这雾气都是暖黄色的，暖进人心底。

本期手作是用自己喜爱的植物制作香薰灯，让家里充满独特的气味，营造温馨的氛围。

干花若干、装饰物若干、台灯1盏、玻璃容器1个

植物灯

制作方法

Step 1 将各种干花与装饰物撒入玻璃容器中。

Step 2 将台灯放在容器上方，接通电源。

圣诞树枝

铺地柏温顺地悬在半空，散发出淡淡的说不上好闻的自然气味，是从墨绿的针叶上，是从枝干的裂缝里，是从轻柔触碰它的手掌心里。像喝醉了酒红着脸的少女一般，水培罐叮叮咚咚地摇摆，互相扶着肩，大声歌唱藏在心底的秘密。那一株株还鲜艳的花草，是青春的复写，对过去流连，对未来期许。

焰火遍布的圣诞月，即使是一个人重温《真爱至上》，也不用感到落寞。挂一株缀着刺芹、龙胆、尤加利叶的圣诞树枝，在烛光舞动的夜晚，窗外是谁与争锋的烟火秀，屋内是水培罐和清风协奏的朗朗乐曲。你听，是电话响了。

本期手作以圣诞为主题，区别于挂满精致礼物的圣诞树，制作的是适合置于咖啡厅或家中的创意圣诞树枝，和水培花器相结合，独具一格。

铺地柏 2 枝、刺芹若干、龙胆若干、尤加利叶若干、水培罐若干、麻绳 2 卷、喷水壶 1 个

圣诞树枝

制作方法

Step 1 把两枝铺地柏用麻绳固定在一起。

Step 2 用麻绳将水培罐绑在铺地柏上，将其悬挂，注意水培罐高低错落会比较美观。

Step 3 往水培罐里注入清水。

Step 4 选择自己喜欢的鲜切花放入其中。

鸟巢吊灯

我渴望亲密的关系，渴望出门前的亲吻、归来后的拥抱，渴望一个有温度有光亮的家。推开门不是黑漆漆一片，不是寂静无声，不是冷冰冰的空旷，不是无尽的落寞与疲惫感。我希望看见微黄的灯光，浇过水的绿植，桌上冒着热气的饭菜，还有迎面而来的明媚的笑容。

我卸下一身伪装，和家人玩闹，没有小心翼翼，没有欲言又止，没有明争暗斗。似乎还有着孩子的心性，安心地享受着被给予的照顾。仿佛成了鸟巢里嗷嗷待哺的幼鸟，呈现出脆弱的一面，只等爱护包裹我裸露的皮肤。

本期手作以鸟巢为主题，制作一款别具一格的家庭吊灯，精心装扮房间，增添些许温度。

树枝 1 根、鸟巢 1 个、麻绳 2 卷、灯线 4 根、灯泡 4 个、插座 1 个

鸟巢吊灯

制作方法

Step 1 把麻绳绑在树枝的各个枝条上。

Step 2 将树枝悬挂于天花板上，调整平衡。

Step 3 把灯线缠在树枝上，注意灯与灯之间的间隔。

Step 4 用麻绳固定灯线。

Step 5 将鸟巢置于树枝上，将插座放进鸟巢里。

Step 6 装上灯泡，在灯线上缠上麻绳使之美观。

原木挂饰

某天他送了我一小瓶黄沙，来自叫作撒哈拉的那片沙漠。

他说他在荒漠中的清晨醒来，看见太阳在远方的沙丘上慢慢升起，那一刻四周寂静无声，内心是如此安宁。我收过他从西西里岛寄来的一些照片。他很喜欢《西西里的美丽传说》，此行也拍摄了电影里同样的场景。想象着1940年的西西里，是否和今天一样美丽。在土耳其，他看见了文化的包容。那有座大教堂，因为历史的关系，建筑中融合了东正教和伊斯兰教的元素，他深深感受到的是人类在文化与信仰上的包容与虔诚。

古人说，世界是一本书。而不旅行的人们只读了其中的一页。他去过许多国家，体验了各地的民俗风情。在他心中，旅行的目的不是到达，而是过程中的体验。重要的不是去哪里，而是一直在前进。许多人总是想看下一站在哪儿，却又迟迟不敢踏出第一步。

那你呢，是不是该准备出发了？

材料准备

树枝 3 根、木夹若干、彩色麻线 2 卷、麻绳 1 卷、剪刀 1 把、照片若干、装饰物若干

原木挂饰

制作方法

Step 1 将彩色麻线缠绕在一根树枝的两端，每段长度大约为树枝总长的五分之一。另外两根树枝的彩色麻线则只缠绕一处即可。

Step 2 将三根树枝用麻绳把两端连接在一起，在最上面的一根树枝上绑好悬挂用的一段麻绳。

Step 3 在树枝上捆绑几根短麻绳，呈不规则排列。

Step 4 将原木挂饰悬挂在墙上。把木夹和短麻绳相接，夹上照片，放上装饰物。

焰小玩

第四篇

可食用植物

迷迭香

迷迭香的养护和扦插繁殖

迷迭香是耐半阴的植物，置于家中明亮或散射光处都可以进行很好的养护。它比较耐旱，浇水时遵循“见干见湿”的原则即可。在冬季，它所处环境气温不能低于 -5℃。迷迭香的生长相对来说是比较缓慢的，所以平日取来食用的话，可用剪刀一次一枝地打顶，以促进侧芽生长。一年之中，一盆迷迭香大概可以采收 4、5 次。

关于它的繁殖，主要有两种方式，一种是“播种繁殖”，另一种则是“扦插繁殖”。播种繁殖虽然只有 20%~30% 的成活率，但是种出的迷迭香香味会更浓郁，而扦插繁殖的优势在于成活率更高。

扦插繁殖步骤

Step 1 **枝条的选择：**避免木质化的老根，选择健壮的嫩枝，一般情况下，留5~10cm的枝条都在允许范围之内。

Step 2 **去叶：**将剪下的枝条下端的几片叶子去掉，便于扦插。

Step 3 **土壤选择：**成株的迷迭香喜欢沙质土或者是排水良好的疏松土壤。家用繁殖可以选择一般的营养土，最好是选用新的营养土以提高成活率。

Step 4 **扦插：**扦插前，给土壤浇适量的水，保证一个良好的生根环境。随后把准备好的枝条均匀地插到土壤里即可。

Step 5 **后期养护：**扦插后将其放在明亮散射光处，避免阳光直射。温度尽量控制在15~30℃之间，有利于发根，并且适时补充水分，不要让土壤干透，大概2~4周的养护后就会生根并开始成为一棵新的植株。

薄荷的扦插、养护与饮品调配

薄荷承载着夏季的气味，从鼻腔直达心底，感受浓烈的凉意。

它是一种喜阳植物，光照不足时，叶片会变淡，且会出现徒长现象。

它的原生环境是水旁潮湿地，所以养在家中也要经常浇水。夏天的话至少一天要浇一次水。当然你也可以偷懒地将薄荷养在较大的花盆里，免去频繁浇水的劳累。

在生长期薄荷需要足够的水肥，可用稀释的水溶肥进行补充。

它对温度的要求比较高，在夏季生长迅速，而在冬季特别寒冷的时候，地面以上会呈现枯萎状态，地下部分蛰伏着，到来年春天又继续萌发，是一种比较容易养护的植物。

因为它生长比较迅速，采收时不必过于担心会光秃，平时用剪刀剪掉薄荷上端的几对叶即可。同时，这种打顶的行为还能促使下端萌发更多枝条。

剪下的枝条可以进行扦插繁殖。先准备好一个小花盆，放入适量营养土，把枝条均匀地插在花盆中，浇透水，随后置于家中阴凉的环境里。一周至两周后，一般就能生根并正常生长了。其实它的枝条也可进行水培，只需把修剪下来的枝条底部浸泡在水中，大约一周后，就会开始发根。

只要我们多花点时间，就能在夏季收获茂密的薄荷带来的凉爽气息。

薄荷叶若干、雪碧 1 瓶、柠檬 1 个、玻璃杯 1 个

薄荷

制作方法

Step 1 将新鲜薄荷叶清洗干净并稍微揉碎，放入适量柠檬片。

Step 2 倒入碳酸饮料或者苏打水，浸泡一两分钟能使味道更加浓郁，这样一杯好喝的薄荷柠檬水就做好了。

地中海月桂

地中海月桂

产于地中海地区的地中海月桂是古罗马时期一种神圣的植物，用它做的花环只有战争或竞技比赛的胜利者才有资格佩戴，是荣誉与胜利的象征。它四季常绿，摘下叶片揉搓的话，可以闻到迷人的香味。除了常用它来炖肉外，有时还会被用来泡茶以发挥它独特的风味，而且可以帮助肠胃消化并具有暖胃的功效。由于它颜值较高，又具有美好的寓意，已然成为风靡欧洲的一种园艺植物。

地中海月桂原产于亚热带地区，因此是比较喜欢较温暖的环境的，但同时它也是较耐寒的植物，冬季只要注意气温不低于 -8℃，都是可以安全越冬的。地中海月桂生长较缓慢，但它病虫害很少，喜欢阳光，也能耐半阴，放置在室内有较明亮散射光的环境也能较好地生长。它还比较耐旱，因此平时养护时可以等土干了再浇水。它对土壤的要求不高，一般疏松、排水透气的营养土就可以给它的根部提供较好的生长环境。至于施肥，建议大家春秋季各用一次缓释肥，不管是浅埋于根际还是洒在表土都可以。看了这些是不是你也觉得它很好养活了呢?

无花果

无花果

无花果每年从初春不久就开始“挂果”，一直能持续半年左右，真正符合又好看、又好养、又好吃的原则。如果我们从网上买裸根的无花果，在南方最好是 11 月—12 月这段时间上盆、定植。而北方，最好是在 3 月左右天气转暖后将它种入花盆中。无花果树的根系不是特别深，作为盆栽，我们建议选用直径为 20~40cm 的花盆。同时为了让它有一个更好的植株形状，我们可以每年初冬的时候进行修整。

通常来说，无花果很少有病虫害，几乎不需要使用农药就能保证它正常生长。平时放在光照充足的地方养护就可以了。

无花果在冬季会落叶，春季开始萌发，此时，它对水分的需求不高，只需要掌握见干见湿的原则。随着叶片增多，它对水分的需求越来越大，炎热干燥的时候可以每天浇水。但是也不要浇水太多，以防止出现裂果的现象，保持盆土相对湿润就可以了。无花果成熟的时候，大部分品种会变红或变紫，此时就表示我们可以吃它了。

香草料理

香草料理

在熙熙攘攘的人群中来来往往，拿着胶卷相机还没说话就笑开的人，是我。

而你站在浪潮拍打的石礁上，微微仰头。我轻按快门，是一张没有杂质的相片，就这样，你的轮廓毫无征兆地打碎了我的心防。我带你穿梭于满是大海气息的集市，带你看椰林下的象群起舞，带你感受夏夜海风的包裹。我用柔软的白沙为你堆一座城堡，只刻下我们的名字。我跑遍整个岛屿去寻你，想为你做一顿你念了很久的料理。

本期手作以香草做一道料理，挖掘植物除了观赏外的食用性。

冬阴功汤水饺

材料准备

水饺1袋、椰浆1罐、虾3只、南姜1块、口蘑4个、辣椒3根、青柠1个、番茄1个、冬阴功料1勺、香茅若干、欧芹少许、柠檬叶若干

制作方法

Step 1 往锅里倒入一盆水，大火煮开。同时切口蘑、南姜、辣椒、番茄至小块状。

Step 2 将虾、香茅、口蘑、南姜、番茄放入沸水中煮。

Step 3 将青柠切半，将柠檬汁挤入汤中。转小火略煮，加入一勺冬阴功料。

Step 4 摘几片柠檬叶，清洗后入锅。打开椰浆罐头，倒入一勺椰浆。放入适量水饺煮约3min。

Step 5 待水饺熟后盛起装盘，放入柠檬叶、欧芹、辣椒、青柠点缀。冬阴功汤水饺完成。

香柠煎鱼

鱼1块、柠檬1个、欧芹若干、迷迭香若干、黑胡椒少许、海盐少许、橄榄油1勺

制作方法

Step 1 热锅后倒入一勺橄榄油，放入鱼略煎1min。

Step 2 将鱼翻面后，擦入柠檬丝。撒入黑胡椒和海盐。

Step 3 选一枝迷迭香，均匀地撒入，盛起装盘，香柠煎鱼完成。

薄荷绿茶

材料准备

绿茶 1 勺、方糖数块、薄荷若干

制作方法

Step 1 往装水的茶壶里倒入一勺绿茶，几块方糖。

Step 2 剪几枝薄荷，洗净放入茶壶中，煮上10min 。薄荷绿茶完成。

罗勒青酱

越过薄暮与轻云，朦胧的光线从你的手边滑过，你不言不语，眼里的潮汐起伏不定。你坐在窗前研磨着罗勒叶，撒过松子的醇厚，捣过蒜的浓烈，混杂着像雾一般升起，若有若无地煽动着你的情绪。就这样，墨绿色的青酱在橄榄油的浸润下完成了使命，如同闪烁的湖水泛起的粼粼涟漪，荡漾着你的欢笑，撩动了你的心弦。

那松软的面包已然迫不及待地想要沐浴在浓郁的青酱之中，翻转、沉浮，这是它想要的闲适日子。你遂了它的心愿，然而华灯初上，你的生活才刚刚开场。

本期手作以罗勒叶、蒜为主要材料制作意大利青酱，为平淡的日子添点不一样的佐料。

罗勒若干、蒜1头、研磨器具1套、碗1只、厨房用纸1盒、食盐少许、橄榄油1瓶

罗勒青酱

制作方法

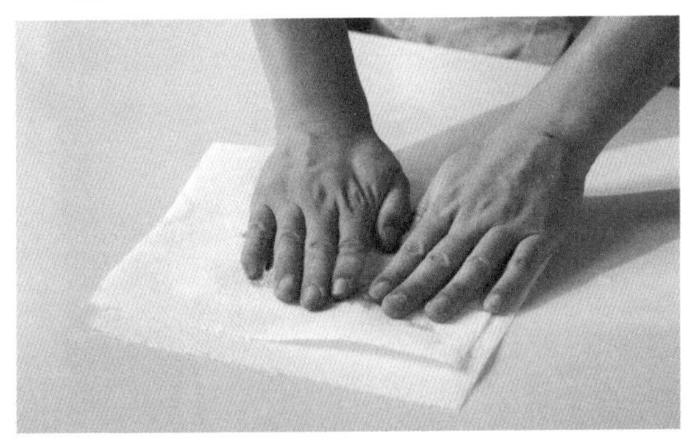

Step 1 把清洗干净的罗勒放在厨房用纸上，吸水备用。

Step 2 摘下罗勒的叶片，可将大叶子稍微撕碎，放入研磨罐中。

Step 3 根据自己的口味加蒜瓣，进行研磨即可。研磨到罗勒叶呈泥状时，撒入少许食盐。

Step 4 盛入碗中，倒入橄榄油，没过刚捣的青酱，罗勒青酱就完成了。

手工花蜡

手工花蜡

那些花儿对和煦的风传达过思念，于最灿烂的一天在指尖下旋转。就在夜蒙上黑纱的时候，一星烛火摇曳着从无到有，弥散着花儿在白日积攒的香气，将那缕轻飘无形的魂荡碎了，碎成不规则的片状，洒落在墙面、沙发以及置于桌角的烟灰缸里。本期手作是将干花封存于蜡油中做成手工花蜡，在微光里以葆其刹那间的芳华。

材料准备

大花飞燕草（干花）适量、石楠果适量、肉桂适量、迷迭香适量、大豆蜡1盒、果冻蜡适量、电磁炉1个、刷子1把、细木棍1根、黏土适量、烛芯若干、模具若干、烧杯1个

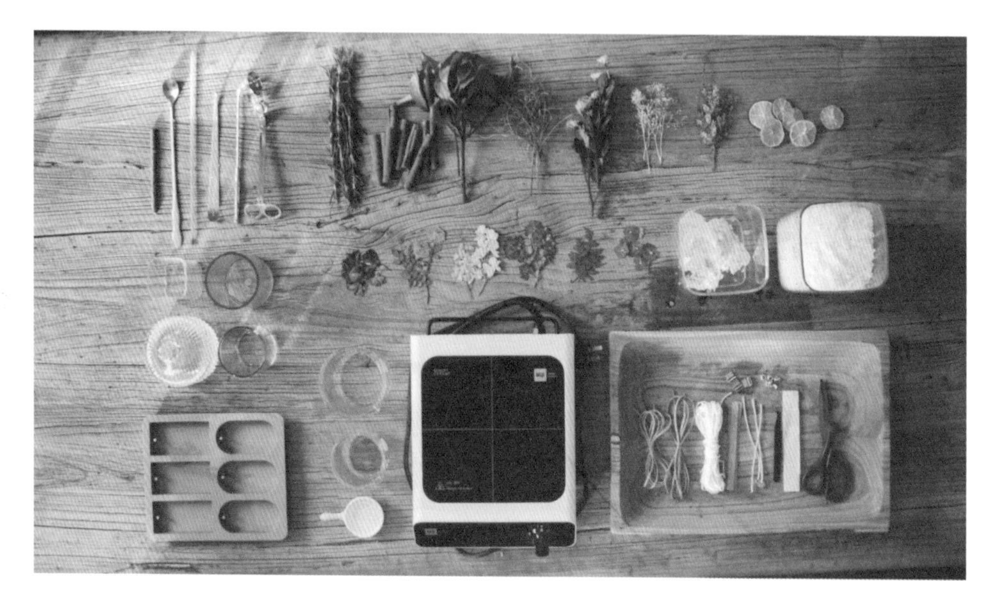

制作方法

Step 1 称取所需要的大豆蜡放入烧杯中，用电磁炉加热熔化大豆蜡到油状（若用燃气炉，则需要隔水加热大豆蜡）。

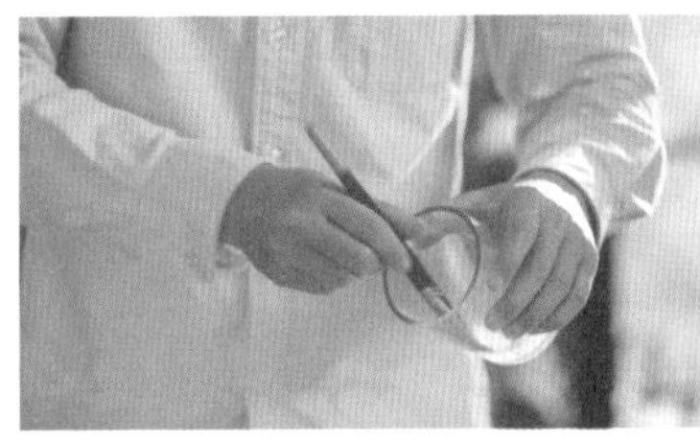

Step 2 用刷子蘸油涂抹模具内壁，方便脱模。

Step 3 用细木棍固定烛芯。

Step 4 将黏土粘在模具底部孔眼上，以防蜡油漏出。

Step 5 在模具内壁贴上压花，如大花飞燕草等。

Step 6 用大豆蜡油固定花材。接着灌入大豆蜡油，等待冷却至54℃左右。（如需要添加精油，可在此时操作，搅拌均匀）

Step 7 将之前熔化的大豆蜡油少量地灌入另一个空模具中。

Step 8 等蜡呈半凝固状态，放入肉桂与迷迭香。随后再灌入大豆蜡油，等待冷却。

Step 9 将果冻蜡加热至透明液状，利用果冻蜡固定烛芯。将果冻蜡灌入模具中。放入装饰石楠果，等待冷却。

Step 10 果冻蜡冷却之后，灌入大豆蜡油。待容器里的大豆蜡油凝固为纯白色，脱模取出。

喵星人花园

饱腹的橘猫炮炮半眯眼侧躺在地板上，四肢交叠着舒展开来，松软的肚皮下垂，与地板紧贴找不出丝毫缝隙。傍晚的阳光像暮年的老奶奶一样，用慈蔼的眉眼关照着已进入梦乡的猫咪。窗帘被风吹起，一半是暖黄色的明媚，一半是灰色调的忧郁，它肥硕的身子就这样横跨两端，鼻子还不自觉地翕动着，像是夕阳也经受不住它可爱的挑逗一般。毛茸茸的尾巴在暗处若有若无地摇摆，惬意的感受已被喉咙里发出的呼噜声适宜而又完美地表达。

本期手作以猫草、欧芹、迷迭香、猫薄荷为材料打造一个专属喵星人的小花园，让它们在家中也能享有自然的气息。

猫草 1 盆、迷迭香 1 盆、欧芹 1 盆、猫薄荷 1 盆、鹅卵石适量、铲子 1 把、陶盆 1 个、营养土适量

喵星人花园

制作方法

Step 1 将营养土铲入陶盆中，铺平。

Step 2 将猫草掰成两半，其中一份种入陶盆中。

Step 3 将猫薄荷连土种入陶盆中。

Step 4 选一小棵迷迭香种入陶盆。

Step 5 将整棵欧芹种入陶盆中。

Step 6 把鹅卵石摆入陶盆中作为装饰，然后再做一下调整，喵星人的花园就做好了。

第五篇

室内植物

办公室桌面盆栽

越来越多的人喜欢在办公桌上养几盆小植物，繁忙之余，捧着温热的咖啡慢慢欣赏那一角的生机，缓解了疲劳也改善了心情。但是每种植物都有它特定的生活环境，有些适合阳光明媚，有些喜欢躲在阴凉处。本期主要介绍四种适合办公室桌面的盆栽植物。

第一种是栀子花，花色纯白、香味浓郁。在整洁素雅的办公桌放上一盆，必定予人一种美的享受。它喜欢光照充足、通风良好的环境，虽然阴面也可以生长，但会影响开花的效果。如果你的办公桌能有较充足的阳光，那么也不妨养一盆娇怜可人的栀子花。

第二种是长寿花，又名圣诞伽蓝菜，它喜欢温暖、阳光充足的环境。

即使你的办公室没有充足阳光也不必担心，喜阴的植物仍然可以带来生机。孔雀竹芋就是喜阴植物，它不能接受阳光直射，适合在温暖、湿润的散射光环境中生长，如果你是北方的花友，平时可用喷雾来给它制造湿润小气候。

最后一种是矾根，耐阴且适宜低温。如果办公室温度不高，它也可以生长得很好。矾根喜欢稍带湿度的土壤，所以即使工作再忙，也尽量不要忘记浇水。

有了这些精灵，你的办公桌也会充满生命力，但一定要记得为它们创造合适的生长环境，作为回报，它们也会给予你最茂盛的成长。

办公室桌面盆栽

栀子花和茉莉花消苞原因及养护

很多花友会私信我们，问为什么他们新买的栀子花和茉莉花很容易消苞。消苞是指花苞在还没有正常开放的情况下自然掉落。基于此，我们首先要了解它们的习性。栀子花和茉莉花在生长过程中需要较长的光照时间，且它们在常温环境下一般都是初夏开花，所以现今我们买到的花几乎都是温室中种植的，而大棚和家中有较大的温差，因此我们收到花后最好还是要进行缓苗操作。

首先，将植物置于温暖的环境中，接着要保持土壤的湿润，这时需要等待一周左右的恢复期。若家中温度较低，可能导致植物吸收的养分不足以开花，那么我们就要摘除部分花蕾来保证其他花蕾正常开放。除了温度的差异之外，光照也是必不可少的条件。栀子花和茉莉花都喜阳，在家中需要将它们放在阳光充足处，以促进其更好地生长。同时，我们常说的“见干见湿”也适合这两种开花植物，平日做到保持水量即可。值得注意的一点是，在花期我们要尽量避免施肥，以防营养供给侧芽而抑制了开花。

整体来说，做好通风，注意施肥，保证光照和水量，基本上我们都会拥有生长健康而又好看的栀子花和茉莉花。

栀子花和茉莉花

竹芋

竹芋

随着昼夜和光线的变化，有一种植物的叶子会相应地立起和展开，若用延时摄影记录，仿佛它在跳舞一般。而这种神奇的植物就叫竹芋。

竹芋是一种来自热带雨林的低矮草本植物，适合春夏种植，非常耐热，喜欢湿润的环境。在家中应将其置于室内散射光的环境，尽量避免暴晒，以防叶片边缘焦枯。如果你是北方的花友，在拿到竹芋后的第一时间应尽快浇水，好帮它适应北方干燥的气候环境。

竹芋在目前市面上也有很多品种，它们的叶形以及叶片上的花纹会有所不同，有些品种还有自己的“小性格”。比 如，“新飞羽竹芋”在足够的空间内会长得比较高大，而“黑玫瑰竹芋”株型会长得比较开阔，每片叶子相较来说也要宽大些，但植株高度属于中等。另一种“猫眼竹芋”，名字的由来得益于叶片上的花纹，其形状酷似猫的眼睛，很可爱。还有一款叫作“银羽竹芋”，小巧精致是它的主要特点，比较适合在办公桌及窗台等小空间摆设。

夏天是竹芋的生长旺季，而冬天它会进入半休眠的状态，此时我们需要注意加强保温措施，将它放置在室内有适当光照的窗台上，也要避免被寒风吹伤。冬季，竹芋生长缓慢，我们要控制浇水的频率，一定要等到土壤稍干的时候再去浇水。

当我们收到竹芋时，要检查花盆底孔是否有根系钻出，若有，则说明根系已经长满，此时需要换盆。换盆时要注意不能一次就换到过大的盆里，这种做法会导致土的干湿交替过程变得缓慢从而影响根部的呼吸，只要新花盆比原来的花盆大一圈就可以了。

黑叶观音莲

黑叶观音莲

黑叶观音莲（黑叶芋），别名小仙女，叶色浓绿，叶脉灰白且清晰，始终保持一个紧凑、精巧的状态。黑叶观音莲原产于热带地区，因此冬季怕冷，注意要将其放在温暖、有适当阳光照射的环境中。它喜半阴，切忌阳光暴晒，否则叶色暗淡、叶脉变得模糊，也有可能叶片被灼伤。它还喜湿，干了就得浇透水，平时也可向叶面及其周围喷水保证合适的空气湿度，但注意盆中不能积水，以防烂根。

黑叶观音莲对肥料的要求比较高，如“奥绿”之类的缓释肥，或者多使用一些水溶肥，能较好地促进它的生长。它病虫害较少，但是要保持通风，避免产生“腐叶”。

黑叶观音莲生长速度快，所以要注意及时换盆。至于土壤，一般以“椰砖”或“泥炭”为主的土都适合，但是换盆不能在冬季，其他三个季节影响不大。当侧芽较多时，可以进行分株，将侧芽取出移植到别的花盆就可以继续生长。

绿萝

绿萝

绿萝的存在感就如大街小巷播着同一首热门歌曲，总是让我们没法忽视，又会让我们乐在其中。我见过朋友用喝完牛奶剩下的玻璃瓶做花器，装上水，放入一小株不知从哪儿剪来的绿萝，齐齐整整的几瓶就这样放在暖黄色的阶梯上，增添了不少文艺味道。绿萝虽广为人知，但有些品种大家却并不熟悉，下面让我们来认识几款还不为大众所熟知的绿萝品种吧。

“雪花绿萝”叶片有白色斑纹，更加清新俏皮。“杏叶绿萝”则是黄绿相间，叶色浓绿，颇有种复古的风范。“黄金葛”叶色浅黄，叶片较薄，也深受大家喜爱。

绿萝喜欢散射光，注意避免暴晒。它对水肥的要求严格，平日要做到土干时浇透水，适时补充肥料。它不耐寒，冬天要及时收回室内，气温低于 5℃就会有明显冻伤。绿萝对土壤要求不高，通用型土壤即可。由于它生长迅速，枝条延长下垂，有时会占较大空间，此时可以进行修剪。剪下的枝条静置 1~2h，让伤口愈合后就可以用来水培。

当然，若你喜欢垂下枝条的绿萝，不妨在家中放置一个移动花架，同时还可以摆上几盆橡皮树和仙人掌，营造一个网红风绿色角落。

姬龟背

姬龟背是我们较熟知的龟背竹的“亲戚”，也属于天南星科，不过姬龟背要比我们常见的龟背竹更小型，显得更迷你一些，因此也更方便在空间不是很大的桌面、窗台来养护。

姬龟背的养护不需要太费心力，常遇到的问题一般有两种：一种是在北方干燥的气候下，叶片边缘有枯焦现象，预防措施就是经常向叶面喷水，保持叶面湿润；另一种是通风不足导致黄叶偏多，平日多开窗通风，并且将它放置在散射光环境中，避免阳光直射就可以了。姬龟背有较好的耐热特性，但在冬季不是很耐寒，温度低于 5℃时还是需要将它搬进暖和的室内。姬龟背喜欢湿润的环境，在土壤呈现干燥状态时就可以浇透水，让土壤保持湿润。它生长迅速，一段时间的养护后，会出现垂吊效果。如果我们喜欢小巧的姿态或是藤蔓过长，也可以通过修剪达到优化株型和控制长度的效果。

姬龟背容易繁殖，在枝节向下 1cm 处剪一个斜口，修剪下来的枝条可以水培，也可以插入湿润的营养土中，很快就能生根存活。

我们之前说过天南星科的植物都会有一些毒性，而姬龟背自然也是具有轻微毒性的，但并不会释放任何有害气体，我们只要不大量食用它，就完全不必担心会中毒，因此可以放心地在家里养一盆。

仙洞龟背竹

仙洞龟背竹

仙洞龟背竹以其紧密排列的孔洞走红于家庭园艺，小巧的它更显新颖别致、青碧可爱。相对于普通的龟背竹来说，它叶片偏小，生长速度也更快，在长期养护下也容易呈现出藤蔓效果。若不喜欢垂吊的姿态，我们也可以做牵引让枝条顺着立柱往上攀缘，从而得到起伏蜿蜒的造型。它的叶片在幼年期就会有孔洞，而大型龟背竹的叶片在幼年期是平整光滑的状态，需要两到三年才会开背出现孔洞，这也算是两者较明显的区别。

仙洞龟背竹和龟背竹一样也是亚热带或热带植物，所以冬季要注意保暖，它所处空间环境的温度要保持在 0℃以上。它性喜半阴，可以置于家中的散射光处，因为它叶片较嫩，1~2h 的强光直射就有可能导致叶片发生灼伤，因此在夏季也可以适当遮阴，从而得到更加翠绿并具有光泽的叶片。它对水分的需求量较多，建议夏天一周可以浇水 2~3 次，若家中空气较干燥，可以向叶面及其四周喷水，保证水分的摄入和增加环境的空气湿度，让它更好地生长。

有个性、喜欢新奇事物的你如果也喜欢仙洞龟背竹的话，可以在书桌上放一盆，或许还能赠予你不少灵感。

金边榕

金边榕

金边榕也叫花叶橡皮树，是近两年的网红植物。它的厚革质叶片表面具有黄白色的斑纹，宽大而有光泽，配上北欧风的水泥质地花盆，具有较高观赏性，想必这就是它成为网红植物的原因吧。它性喜阳，但不能接受过多的阳光直射，也适合放置在散射光处养护，适宜的生长温度是 20~25℃。

它喜欢湿润的环境，土壤干了之后及时浇透水即可。注意休眠期要减少水量，掌握宁湿勿干的原则。但其叶片能够适应干燥的空气，所以很适合在北方养护。当冬季温度低于 5℃时，要记得放到暖和的室内安全越冬。

金边榕的生长较为迅速，需要适时修剪来保证优美的株型。当株高比盆高多一倍时，就可以考虑进行换盆操作。盆土尽量选择疏松肥沃、排水良好的土壤，同时也要注意施肥以提供生长所需要的养分，尽量选择以高氮高钾为主的肥料，好促进它的枝叶繁茂，养成更好的株型。

灰白色调的装饰风格再搭配这样一款吸引眼球的金边榕，让你的小窝不用滤镜也能自带网红范儿。

八角金盘

耐热植物

八角金盘在南方的朋友应该见得比较多。它因具有较强的环境适应能力而在南方经常用于城市园林绿化中，也因较好养活且具有较好的观赏效果而在近两年开始在室内植物圈流行起来。虽然它叫八角金盘，但叶片并不是只裂成八角，常见的也有九角甚至十角。它形态奇特，叶色青翠，十分惹人喜爱。八角金盘比较喜欢较湿润的气候，不耐干旱，在生长期也要保证水分充足，夏季见盆土干了就得赶紧浇水，让它的土壤时刻保持在湿润的状态。

八角金盘耐阴，也有一定的抗寒力，但在冬季还是要注意保温，温度低于 5℃时，可放于室内散射光通风处养护。夏季要避免强光过多直射，以防叶片被灼伤。一般来说，阴凉但能持续被散射光照射的环境更适合八角金盘生长。它适宜种植在排水良好和湿润的沙质土壤中，定植前需要加入以氮为主的底肥，随着不断地生长成熟，氮肥的数量要减少，以免产生徒长现象。

若喜欢小巧的八角金盘，可以通过少换盆，减少施肥次数或者控制肥料的浓度等手段来保证株型紧凑、精致。

花叶鹅掌柴

花叶鹅掌柴

花叶鹅掌柴这个名字来源于其叶序的形状如鹅掌一般，同时它的叶片又有许多黄绿相间的斑纹，色彩丰富。而这斑纹实际上就是我们常说的“锦”。它的花纹和光照强弱有关，在光照强的地方，它的黄色斑纹会较明显，叶片的绿颜色也就会随之减淡，而在半阴处，叶色就会往绿色发展。

花叶鹅掌柴相对来说是喜欢水的，我们建议大家一周浇 2~3 次水以保持土壤湿润。当它的叶片开始耷拉的时候，就预示着它缺水了。每年 4 月—5 月可以给它换盆，盆土最好使用肥沃、排水良好的土壤，在换盆前也可稍加修剪。另外因为它的原生地是马来群岛一带，性喜暖热的它冬季一定要放在家中较暖和的地方，这样它才能够更好地成长。一般来说，它在气温 5℃左右都是能安全越冬的，若温度过低，下部叶片就容易脱落，形成脱脚。

如此欢脱的花叶鹅掌柴养在家中更能打破沉闷，增添色彩的丰富性，同时也为家居装扮带来层次感。不知道你是不是已经喜欢上它了呢?

日本大叶伞

日本大叶伞

日本大叶伞文艺清新、优雅低调，它的叶片呈掌状，油亮厚实，姿态层次分明，十分舒展。它的分枝少，也容易控制形态，适合室内种植。它对光照的要求不高，放置于一般散射光处即可，但是需避免暴晒。如果放在室内，植物的趋光性可能会导致它株型有一定歪斜，我们可以适时转动花盆让所有面都能接受到差不多程度的光照，保证它能均匀生长。

日本大叶伞不耐寒，气温不低于 10℃才能够安全过冬。在夏季，则要保证通风，避免阳光暴晒。平时的浇水原则是“不干不浇，干则浇透”，在生长期是需要大量浇水的，但是也需要避免积水过多导致叶片下垂、失去光泽甚至烂根的情况出现。冬天最好保持盆土干爽。对于肥料，在生长期间以氮肥为主，可以很好地促进枝叶生长。

绿油油的叶片，随性的姿态，在墙角或沙发旁摆上一盆日本大叶伞，房间也会显得更加干净清爽。

尤加利

尤加利（银叶桉）是澳洲的一种小型桉树，枝干纤细，叶片圆润，表面带有白霜。它喜欢高温，夏季生长旺盛，冬季需要注意保温，适宜温度最低不能低于5℃。它作为一种乔木，在家中以盆栽养护时，我们可以通过修剪和控制花盆的大小来调整高度和株型。

尤加利具有很强的趋光性，为了保持枝干通直、叶片分布均匀，可以每隔一定时间转动花盆使植株各面接受光照的程度相当。它对水分的需求比较大，夏季最好是每天浇水，保证土壤湿润，能够让尤加利生长得更好。

尤加利目前在线下并不容易购买到，而从网上购买的成活率也在70%左右。如果你想通过网上购买的话，有几个小技巧可以提高它的购买存活率。一是尽量选择就近省份的货源，保证气候差异较小，同时距离近也能降低运输造成的损伤程度。二是尽量选择较大的植株，收到后要浇透水，放置在明亮散射光处，用半个月到一个月的时间缓苗。三是缓苗后进行换盆移栽，移栽时尽量不破坏原土球的根系。

红豆杉

红豆杉被人们熟知主要是因为它的药用价值，能够提炼抗癌物质——紫杉醇。除此之外，它作为家养盆栽其实也是非常不错的选择。枝叶紧密，自带森林气息，不同于其他植物在晚上呼出二氧化碳，相反，红豆杉在晚上也会吸收二氧化碳并释放出氧气，适合室内种养。

它喜欢阴凉的环境，日常摆放于室内散射光处即可，但要避免夏日阳光暴晒。在正常状态下的红豆杉，叶片直立，充满生机。若你发现叶片耷拉下来，则预示着它此时缺水了，需要及时补充水分。红豆杉浇水的原则是“不干不浇，干则浇透”，把控适当水量以防积水烂根。在换盆的时候注意尽量不要伤根，保持原土形态，加的新土最好是疏松肥沃、呈弱酸性的土壤。

红豆杉是世界上公认的濒临灭绝的天然珍稀抗癌植物，它未来的生存状况需要我们每一个人反省和保护，希愿小庭院和大自然都能毫无顾忌地展现出它最美的一面。

袖珍椰子和散尾葵

袖珍椰子和散尾葵习性相似，它们都是热带植物，对温度的要求比较高，低于10℃时可能会进入休眠，低于5℃时就可能出现冻伤。它俩也都喜欢散射光，平日需要避免暴晒。它们常见的问题都是会出现“焦尖”的情况，这是由于植物周边空气过于干燥或者水分补充不足，可以提前做好预防措施，进行叶面喷水，保持土壤以及叶面湿润。对于已经出现的焦叶，干枯部分剪掉即可，平时浇水要掌握“见干见湿”的原则，每次以浇透为准。在冬季可以减少浇水频率，好让它能更顺利地越冬。

它们生长较迅速，要注意及时换盆，在春秋季可以适当用水溶肥来促进生长。同时它们对透光性的要求没有月季那么严格，因此修剪程度完全可以凭个人喜好来做，或疏松或紧密，都是可以的。

袖珍椰子和散尾葵

矾根

矾根

矾根是多年生耐寒草本花卉，浅根性，在温暖地区常绿，品种丰富，叶色绚丽。它常被用来做花境地被，或清新的黄绿色，或浓重的棕红色，在每一处你能看见的地方都尽力用鲜亮的外衣吸引你的目光，你会不由自主地驻足，倾听它的内心是否也如外表一样灿烂。

矾根喜欢半阴的环境，也耐全光，春秋季需要充足的光照，夏季需要适当遮阴，以防叶色暗淡或发生徒长。尽量选择肥沃、排水良好的弱酸性土壤，建议选择市场出售的小袋装有机营养土。每次浇水都要彻底，再次浇水时等土壤差不多干透了才可以进行，以防积水烂根现象发生。一开始种植可加入少量缓释肥，在生长期，也需要适当施肥促进枝叶繁茂。

16 含羞草

含羞草，原产于南美洲热带雨林地区。为了躲避它的天敌以及恶劣天气，它进化出了一触碰叶片就会闭合的本领。当一滴雨落下的时候，叶片就会迅速收拢，以免去狂风暴雨对它的袭击。含羞草有一种很细小的细胞，由网状蛋白质组成，这是一种肌动蛋白，它是含羞草能控制闭合运动的直接原因。

含羞草常见的繁殖方式是播种，种植时一般一盆可放 5~6 粒种子。它生长迅速，在适宜的温度下较短的时间内就能长到近 0.5m 高。作为盆栽，这不算优势，因此我们可以通过修剪、打顶来控制株高，促进侧芽萌发，从而达到更好的观赏效果。

含羞草作为热带雨林植物，夏季是它的快速生长期，入秋时若温度低于 15℃，生长就开始变得缓慢。在北方不能户外过冬，建议放入室内温暖的地方安全度过寒冬。

含羞草喜欢阳光，为了让它长势喜人、株型紧凑，可以将它置于阳光充足的环境中，如阳台、露台等地方。它对肥料的要求不高，盆栽时一个月施 1~2 次缓释肥即可。含羞草比较耐旱，在夏季每天只需要浇 1~2 次水。平时要注意浇水频率，保证通风，防止叶片发黄、枯萎。有一个小建议是尽量不要频繁触摸它的叶片，否则长此以往，它的反应灵敏度会下降。

蕨类植物

在我们常见的室内植物中有一类特殊的群体，它们就是蕨类植物。

它们喜散射光，不耐晒也不耐寒，冬季需养在温暖的室内，尽量不要让它们处于0℃以下。它们对水的需求较大，日常要保证盆土湿润，稍干就得浇透水。蕨类植物在陌生环境中需要一段时间来适应，在这一过程中如果部分叶片枯黄也是正常现象，不需要太担心。我们建议大家刚收到它们后先浇透水再放置在阴凉散射光处，并适时给叶片喷水，使它们逐渐适应新的环境。

我们当初买了几盆蕨类植物，在养护期间也出现了一些问题，就和大家分享一下发生的问题以及解决的方法吧。

银线蕨叶片出现焦枯的现象是因为在冬季被冻伤。前期保证温度不低于0℃可以预防枯叶，若无法避免，则在后期剪除枯叶即可。

蕨类生长较快，即使是株型小巧的鸟巢蕨也可以很快变得茂密而宽阔，因此要及时换盆，可以选用比植株体型大两号的花盆。

常春藤

常春藤

在灰色的墙头攀缘，在低矮的石阶匍匐，在你匆忙掠过的肩膀上留下过触感。它是常春藤，一款低调到让世人忽略，身影却无处不在的植物。

常春藤喜光耐阴，耐部分日晒。由于它也非常耐热，所以夏季只需注意适当遮阴，避免过多阳光直射即可。冬季时，-7℃的低温也在它的生存范围内。它喜欢湿润气候，平日养护掌握见干见湿的原则，有时间还可以向叶片及其四周喷水来增加空气湿度，同时也要加强通风以防积水烂根。它对土壤的要求不严格，一般疏松肥沃、排水良好的土壤即可。施肥时以氮肥为主，但也切忌过多，否则生长过快会导致形状不美观。因为常春藤株型开阔，适当修剪可使它适应所处空间，剪下的枝条也能扦插繁殖。

网纹草

网纹草

网纹草经常被用于制作玻璃缸中的微景观，品种包括夏莲 、森林焰火、白虎皮等。网纹草不耐湿，积水过多时容易烂根。如果光照偏弱或完全无光的话，叶片会褪色，还会发生“徒长”即像豆芽菜一样猛地蹿高，这会让植物变得柔弱且容易枯萎。若植物发生“徒长”，则可以进行修剪并适当施肥让它重焕生机。夏季是它的生长旺季，一般通用型的“液体肥”能让它生长得更好。

网纹草耐热耐阴但不喜阴，建议放置在有散射光的窗边。浇水要掌握“见干见湿”的原则，切忌积水过多。它不耐寒，在北方冬季要注意保温，保证足够的光照也能使其顺利过冬。

绿植壁挂

常春藤若干、绿沸石1盆、轻石1盆、营养土1盆、赤玉土1盆、木蜡油1罐、色浆1瓶、刷子1把、铲子1副、耙子1把、锤子1把、木板若干、绳子1卷、空盒1个、铁钉若干、装饰线灯若干

制作方法

Step 1 将木蜡油和色浆倒入空盒中，搅拌，均匀地涂在木条上，再让其在常温下干透24h。

Step 2 将木板横竖错开排列，用铁钉固定。

Step 3 依次用绿沸石、轻石、赤玉土、营养土做成植物彩罐并种入植物。

Step 4 用麻绳把植物彩罐绑在木架上。点缀装饰线灯，绿植壁挂完成。

21 绿植微景观

苔藓若干、网纹草 2 盆、罗汉松 1 盆、白脉椒草 1 盆、银线蕨 1 盆、钮扣蕨 1 盆、文竹 1 盆、翠云草 1 盆、玻璃容器 1 个、种植土 1 盆、水苔 1 盆、鹅卵石 1 盆、水 1 盆、青龙石少量、细河石少量、工具铲 1 副、喷水壶 1 个、吹灰球 1 个、人偶和风筝模型

制作方法

Step 1 用鹅卵石铺底，再铺上浸泡过的湿水苔，最后铺上种植土，浇水。

Step 2 把文竹分株，选其中一株稍微去除一些原土，种入容器中。

Step 3 用同样的方法依次种入罗汉松、银线蕨等剩下的所有植物，并铺上苔藓。

Step 4 放入青龙石做装饰，撒入细河石点缀。用吹灰球清理泥土，放入人偶和风筝模型，完成。

温室景观

温室景观

材料准备

纽扣蕨 1 盆、白脉椒草 1 盆、弹簧草 1 盆、菖蒲 1 盆、银线蕨 1 盆、罗汉松 1 盆、水杉 1 盆、栗豆树 1 盆、椰子草 1 盆、干苔藓若干、玻璃缸 1 个、鹅卵石若干、黄沙若干、碎石若干、沙滩椅等装饰物件若干

制作方法

Step 1 浸泡干苔藓，待完全湿润后拧干。

Step 2 将其铺入玻璃缸中，再铺入营养土。

Step 3 种入水杉作为热带丛林，依次种入栗豆树、弹簧草等全部植物。

Step 4 放入鹅卵石装饰，撒入黄沙作为沙滩，沿沙滩边缘撒入碎石，摆入装饰物件，浇水封顶。

苔玉

苔玉是一种由盆景演变而来的日本古老艺术，造型精巧别致。它的特色是仅将植物的根部用土壤或水苔包覆成圆球状，再以青苔包裹，让它具有保水、透气、质地轻等特点，并且可避免因缺水和盆土栽培容易积水造成的烂根现象。一般选择喜阴植物栽种其中，如网纹草、银线蕨、文竹等，平时养护也无须费过多心思，泡水一次就能保湿10~15天。当夏秋季室内干燥时，每天喷水两次保持外部苔藓湿润即可。

除了以上提过的绿植外，大家也可根据个人喜好做出新颖可爱的搭配。

苔玉

材料准备

苔藓若干、喜阴植物（如网纹草）若干、钓鱼线1卷、麻绳1卷、热熔胶枪1把、水1盆、营养土若干

制作方法

Step 1 将营养土和水混合搅拌均匀，干湿程度以土能捏合为准。

Step 2 把土捏成圆球状，然后将土球掰开，从中间种入喜阴的植物。

Step 3 在土球外包上苔藓，用钓鱼线缠绕固定。

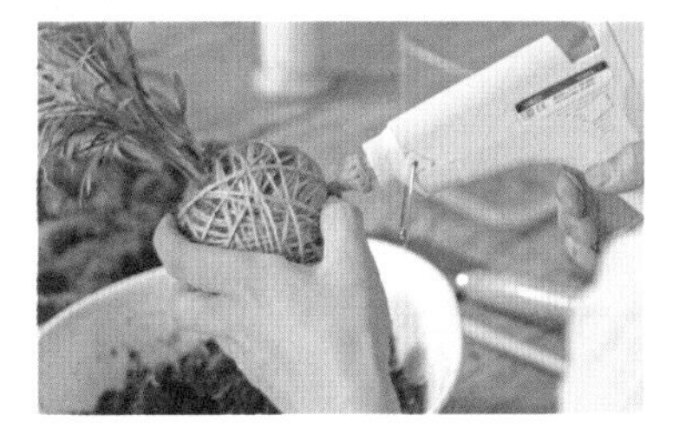

Step 4 缠上麻绳做装饰，用热熔胶固定线头，苔玉完成。

蛇木板壁挂

蛇木板壁挂

材料准备 兜兰1盆、鹿角蕨1盆、鸟巢蕨1盆、土壤若干、肥料若干、电钻1把、钓鱼线1卷、镊子1副、剪刀1把、绿铁丝若干、蛇木板1块、干水苔1包

制作方法

Step 1 在蛇木板顶部打孔。

Step 2 将干水苔泡水，完全湿润后拧干捞出，在蛇木板底部铺一层。

Step 3 去掉鹿角蕨根部多余的土，尽量避免伤根，将其放在蛇木板上。

Step 4 用湿水苔将土壤覆盖，再用钓鱼线缠绕，将其固定结实。

Step 5 用绿铁丝制作挂钩，将其穿入之前打好的孔中。

Step 6 将挂钩多余的部分剪去，依次完成兜兰、鸟巢蕨的蛇木板壁挂。

（蛇木板壁挂养护注意事项：用手摸水苔感知干湿程度，若干燥，打湿水苔即可。南方地区一周浇一次水，北方及干燥地区适时往叶面上喷水。）

第六篇

阳台植物

绣球 · 梅森罐

绣球是充满梦幻感的一款植物，常见品种包括玉段花、婚礼进行曲、雪舞、波纹以及无尽夏。

它喜欢散射光，在强光下花叶容易灼伤。朝北的阳台或者向阳阳台的背阴处，都非常适合栽植绣球。它喜欢肥沃、排水及透气性良好的土壤。大部分花期在 5 月—8 月之间，但无尽夏的花期可以一直持续到 11 月份。在此期间，应经常补充肥料，可以选择水溶肥，同时也可以对叶面喷肥。在花期之后，应立即剪除残花。

除了无尽夏这类品种，其他品种一般只有老枝可以开花，这种情况下，需要在 9 月份之前把残花剪掉，以免影响第二年开花。绣球的花色会受土壤酸碱度的影响，若土壤偏酸性，则花色偏蓝；反之，则偏红。然而我们可以人工调色，在花蕾萌现前，将硫酸铝或奥绿绣球调色剂撒在土壤表面，可将花色调为蓝色。若想将花色调为红色，可在花蕾萌现前使用熟石灰进行浅埋即可。

梅森罐 3 个、托盘 1 个、丙烯颜料、颜料调和油、刷子几把、带图案的纸若干张、热熔胶枪、植物若干

绣球

绣球梅森罐

制作方法

Step 1 将丙烯和颜料调和油均匀调配。

Step 2 把颜料均匀地刷在梅森罐上。

Step 3 将打印好图案的纸放在另一只罐子里。

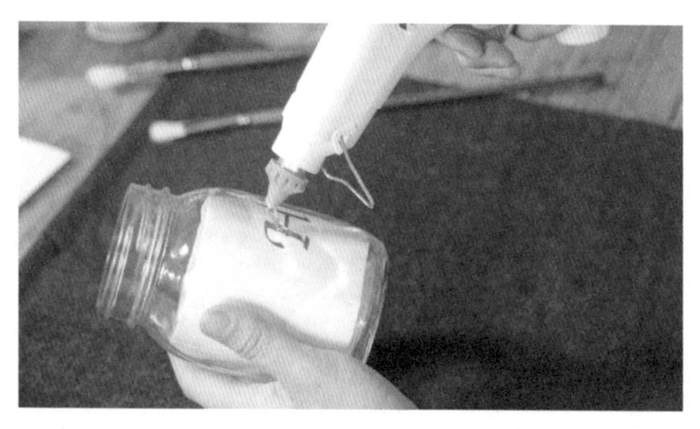

Step 4 用热熔胶描出内容。

Step 5 刷上喜欢的颜色。

Step 6 放入植物，完成。

香彩雀

若大家想在夏季装扮庭院或居室，不妨买上几盆亮丽的香彩雀，小而精致的花朵必能给你带来几分惊喜。

香彩雀，又名天使花，原产于南美洲热带地区，最大的特点是耐热及耐晒，且相对于其他开花植物来说也非常耐湿，能够适应南方地区的梅雨天。

对于香彩雀的养护，我们从光照、通风和浇水这三方面来切入。它对阳光有一定的要求，因此养护时应尽量放在户外有充足光照的地方。同时，置于户外环境也能保证通风顺畅，若只能放在室内，就必须要经常开窗通风。香彩雀比较喜欢湿润的环境，不耐旱，需要及时补水。它的花期很长，从春天开到秋天，在温暖的两广及其他南方地区，甚至可以全年开花。

但是，如果我们想要一直维持开花状态，那么修剪和施肥是必不可少的。为了促使长出新的侧芽，在一串花凋谢之后要及时修剪，修剪至最下端的残花处即可。之后，我们需要进行施肥操作。一般情况下都是将花卉型的液体肥和缓释肥结合使用，以此给后期不断生长的花芽提供充足的养分。

因为它十分耐热，所以夏季网购时不太会出现被闷到或者热到的情况，但是经过长距离的运输，收到它的时候会有一点轻微的缺水现象。此时我们需要进行缓苗操作。刚收到时，将它放置在散射光的环境中，充足浇水，等叶片都挺立精神了，再置于正常的养护环境中，慢慢增加光照，避免快速接触到烈日。

香彩雀 

六出花

六出花

六出花，原产于南美洲，绽放时典雅而又富丽，经常被用作鲜切花。

作为盆栽种植，一般会选择矮化的品种。正常的花期可达两个月之久，花叶的观叶品种也有很好的观赏性。但是如今线下售卖的六出花数量还非常少，目前基本通过网购。六出花的叶片和花朵都比较娇嫩，因此网购时建议大家尽量选择未开放的植株，以避免运输途中受损。收到植株后，需要及时摘除损伤叶片，放置于阴凉背光处缓苗一周。

后期养护中，六出花对光照、水分及湿度的要求较高。我们需要将它放置在阳光最好的地方，如窗台、露台。夏季每天都得给它浇水，以免叶片干枯。比较有趣的一点是，六出花既怕冷又怕热，因此夏季需要适当遮阴，尽量保证温度低于 30℃。冬季需要移至室内阳光处，若光照还是不足，则需要适当降低浇水频率以防止徒长现象。除此之外，我们也要及时修剪残花，给新的枝条提供更多的光照进行生长。

日本枫

枫树由于叶色叶形多变，无论在花园地栽还是家庭盆栽，都一直非常受宠。其园艺品种起源于日本，所以国际上统称为日本枫。它们大多精致优雅，养护也相对容易。选择排水良好的土壤，放置在散射光的环境中，切忌阳光暴晒。

日本枫 1

日本枫 2

日笠山 于3月下旬开始萌芽，花芽同放。从萌芽到叶片展开的这段时间，叶内侧的红色芽鳞逐渐伸长。藏在芽鳞中的叶芽逐渐显露并增大。叶面的斑色会随着季节的变化而变化。进入初夏，由粉红色变为淡黄绿色或白色。秋天，由橙黄变成橙红，再变成红紫色。日笠山生长旺盛，抗阳性好。成年树高约4m。适合庭院及景观区域种植。

日本枫树——爪柿 在3月下旬至4月初发芽，黄绿色的叶片上有红色爪斑。它叶片的裂数多为7~9裂，以9裂叶居多，也有些11裂。秋季为橙黄或橙红色。它的抗阳性好，长势中等，树形优美，是一款非常优秀的庭院树。

日本红枫——乙女樱 它是经典枫树初新兴的质变品种。新叶呈浅粉红至鲜红带粉色，夏绿，深秋浅红至红。成年树高约3m。在冬季气温较低的区域，它在春季生长的新叶会有较好的粉色表现。低温不足的区域，会鲜红带粉，也非常出色。

金线 它有着细长的线叶，小苗期长势比较快。成年树高约1.5m。秋季变色期叶色呈黄金般的色泽。

女神 它一般于3月下旬开始发芽，花期为4月—5月，最佳观叶期是4月至12月。它的新叶为淡茶粉色，开叶后叶片上的网状叶脉非常明显。春末，红粉色会逐渐褪去；进入初夏，叶色慢慢返青；秋季为红色或者橙红色。

茜 茜在3月中下旬开始发芽，它的腋芽呈浓红色。叶片张开后有红色和橙红色交错的色彩，在阳光照耀下鲜艳美丽。4月—5月上旬这一时期，它的叶色变化，美丽出色。夏季光照充足的情况下，叶片会一直保持亮黄色或者黄绿色，晚秋为浅红色。茜的新叶色彩以及三季的色彩变化独树一帜，是非常值得拥有的园艺品种之一。

玉簪

玉簪

如果你家是阴面阳台，想养一些喜阴的观叶植物，玉簪是很好的选择。玉簪是我国的传统花卉，在夏秋季会伸出一枝花剑，形似古人的一支玉簪，因此而得名。

它适合在温度为零下或者是半阴的环境中造景。玉簪的直径较大，最大的如“武则天”品种，直径高达 2m，不适合做盆栽。“鼠耳”这个系列的品种娇小可爱，最大直径也不过 20cm。

“金心鼠耳”叶片中间有金色的斑纹，两边有不规则的绿色区域。

“蓝色鼠耳”在较强的散射光环境下，叶片会呈现出淡淡的蓝色蜡质粉，十分特别。

玉簪喜半阴，在家庭养护中，注意不要置于阳光强烈处。同时，它喜欢稍干的环境，周围不能有太多积水存在，否则容易导致烂根。冬季时玉簪的叶片会干枯，春季又重新长出，是一款好养护的宿根植物。即使在北京，它也可以露天越冬。

植物养护 · 小猫花器

植物在生长初期需要进行假植，将发芽的小苗先种植在小的盆器里，利于根系生长。当根系布满土壤空间时，就要把植物移植到更大的盆器中让它更好地发育。移植时先将种植土铺入盆中，然后加入一小铲有机肥作为底肥，再加入少许缓释肥，用耙子搅拌土壤和肥料使其均匀混合。盆栽植物生长两年左右，根系变得发达，但盆土中的养分流失很多，土质也会变差，原有的花盆可能会限制生长，这时最好进行换盆换土，以保证植物更加茁壮地生长。

植物有一定的长势后，需要进行定植。具体步骤是将需要定植的植物连同根系整棵放入新盆器中，一手固定，一手装填种植土直至没过全部根系即可。定植后会进行打顶的操作以促进侧芽萌发。植物在生长期每 10~15 天需要施水溶性氮肥，花期则改用高磷钾肥来促进开花。

换盆

植物养护　　小猫花器

定植

打顶

下面教大家做一个小猫花器，给植物一个萌萌的家吧！

大塑料瓶 1 个、颜料若干、画笔若干、底漆 1 瓶、剪刀 1 把、花材若干

制作方法

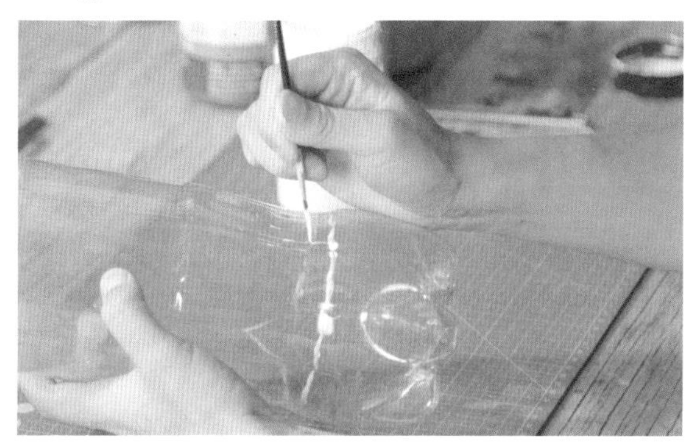

Step 1 在空的塑料瓶上用白色颜料画出小猫轮廓。

Step 2 沿轮廓剪下，均匀地喷上底漆。

Step 3 画出猫咪的眼睛、耳朵等。

Step 4 放上装饰花材，也可以种植喜欢的植物。

午后阳光洒向玻璃窗晕出一片耀眼花火，焰火大叔在花园里悉心照料植物,张望中的人们突然停下了脚步，主人邀他们踏入这片花草世界,倾听来往的人们诉说往事。一款花草手作足以将满满诚意送达；带一棵植物回家，用他的养护“药方”一起疗伤，以园艺治愈渴望被温暖的心。

你可能没有花园，没有阳台，甚至只是和室友分租一套公寓；房间可能很暗，工作可能很忙……但这些都不该阻止你拥有一颗点亮生活的心。找一段静谧时光与花草对话，亲手做一件美好手作，置身于用植物打造的自然舒适的家，你会发现幸福来得如此突然。

倾听你的故事，疗愈你的心情。《焰火花园》在分享园艺知识、提升审美力的同时带你找寻生命里美好的时光。

图书在版编目（CIP）数据

焰火花园：温暖大叔的花草手作与植物养护技巧：视频版 /《焰火花园》栏目组 组编. — 北京：机械工业出版社，2019.4
ISBN 978-7-111-62458-5

Ⅰ.①焰… Ⅱ.①焰… Ⅲ.①园艺-基本知识 Ⅳ.①S6

中国版本图书馆CIP数据核字（2019）第068120号

机械工业出版社（北京市百万庄大街22号 邮政编码100037）
策划编辑：马 晋 于翠翠 责任编辑：马 晋 于翠翠
责任校对：杜雨霏 郑 婕 责任印制：李 昂
北京瑞禾彩色印刷有限公司印刷

2019年6月第1版第1次印刷
187mm×240mm・7.75印张・1插页・143千字
标准书号：ISBN 978-7-111-62458-5
定价：55.00元

凡购本书，如有缺页、倒页、脱页，由本社发行部调换
电话服务 网络服务
服务咨询热线：010-88361066 机 工 官 网：www.cmpbook.com
读者购书热线：010-68326294 机 工 官 博：weibo.com/cmp1952
金 书 网：www.golden-book.com
封面无防伪标均为盗版 教育服务网：www.cmpedu.com